人机交互系列丛书

信息交互设计

吕　菲　秦宪刚　编著

电子工业出版社·

Publishing House of Electronics Industry

北京·BEIJING

内 容 简 介

本书系统介绍了信息交互产品设计相关的理论和方法。全书共 6 章，分别为信息交互设计概述、设计目标与需求分析、设计定义、信息架构设计、交互设计、界面设计。本书结合实际设计案例，采用浅显易懂的方式，对信息交互产品的基本概念、方法、设计要素和设计实践等进行了系统阐述。

本书依托前沿科研成果和发展趋势，结合两位作者在信息交互设计领域多年的科研、实践和教学经验，力图帮助有志于从事信息交互设计的学生和从业者掌握系统的理论和方法。本书可作为交互设计和信息科学领域本科生或研究生的教材，也可供从事交互设计工作的科研人员和从业人员参考。

图书在版编目（CIP）数据

信息交互设计 / 吕菲，秦宪刚编著. —北京：电子工业出版社，2023.8
（人机交互系列丛书）
ISBN 978-7-121-46017-3

Ⅰ. ①信⋯　Ⅱ. ①吕⋯ ②秦⋯　Ⅲ. ①人-机系统－高等学校－教材　Ⅳ. ①TB18

中国国家版本馆 CIP 数据核字（2023）第 135619 号

责任编辑：李　敏
印　　刷：天津千鹤文化传播有限公司
装　　订：天津千鹤文化传播有限公司
出版发行：电子工业出版社
　　　　　北京市海淀区万寿路 173 信箱　　邮编：100036
开　　本：787×1 092　1/16　印张：13.25　字数：216 千字
版　　次：2023 年 8 月第 1 版
印　　次：2023 年 8 月第 1 次印刷
定　　价：89.00 元

凡所购买电子工业出版社图书有缺损问题，请向购买书店调换。若书店售缺，请与本社发行部联系，联系及邮购电话：（010）88254888，88258888。

质量投诉请发邮件至 zlts@phei.com.cn，盗版侵权举报请发邮件至 dbqq@phei.com.cn。
本书咨询联系方式：limin@phei.com.cn 或 154408520（QQ）。

前　言

　　信息是人类社会用于表征、解释和概括所感受到的对象和事物的一种方式。人类自古以来就采用图像、文字等方式实现人与人之间的信息沟通与交流。计算机的诞生一方面带来了信息的暴发，另一方面也为人类发现、理解、概括和交流信息带来了巨大的挑战。因此，如何进行信息交互产品的设计，促进人与计算机和环境之间的交互，以及以计算机为载体的人与人之间的信息互动成为亟须解决的问题。本书两位作者多年来一直从事信息交互设计的教学、科研和实践工作，现从理论、方法、原则和应用等方面对该领域进行总结，以供信息交互设计方向的学生、研究者和从业者们参考。

　　全书分 6 章。第 1 章为信息交互设计概述，介绍了信息交互设计的概念、发展，以及信息交互设计的流程。第 2 章为设计目标与需求分析，介绍了信息交互设计要实现的目标范围、利益相关方、典型人物，以及设计需求收集与数据分析方法。第 3 章为设计定义，介绍了如何使用质量功能部署方法实现从用户需求到设计创意和具体元素的定义，以及使用卡诺模型对设计属性进行分类。第 4 章为信息架构设计，介绍了信息组织、导航、标签、搜索模式的概念和分类。第 5 章为交互设计，介绍了交互设计目标和原则，阐述了交互元素、交互布局，以及交互原型制作方法等。第 6 章为界面设计，介绍了设计风格、设计规范和设计原则等。

　　本书的完成要感谢研究生陈涛、黄晨、孟姗姗、豆涵柯、张潇涵、袁佳欢、梁源文、蒋柠鸿、李平欣、祁飞、游卓儒等在书稿整理方面的帮助，还要感谢学生钱沣盈、张金梦、孙汝凡提供的设计作品 *OCOLORS*，黄晨、张雨萱提供的设计作品《懂小姐》，陈昱佳、郭雨阳、叶兴雨、依拉木江提供的设计作品《丁一卯二》，黄晨、李慧菁提供的设计作品《有谱儿》，张兆林、胥浩楠、王伟鉴、朱阳阳、顾恒伟提供的设计作品《大音希声》，杨郑曦、钟昊云、张嘉欣、杨璐提供的设计作品《齐物记》，雷哲轩、郑子渊、胡凯雷、万博文提供的设计作品 *Plan-F*，欧潇逸、田淳西、吴柏乐、赵佳丰、李一鸣提供的设计作品《百草集》，洪乐祎、陈楚茹、张静怡、张海文提供的设计作品《将进酒》。本书受到国家自然科学基金（61972045）的资助，在此一并表示感谢。

尽管作者对本书有较高的期待，并做出了最大的努力，但由于写作水平和研究工作的局限、编写时间的仓促，书中的不足之处在所难免，欢迎广大读者积极提出宝贵意见。

吕菲、秦宪刚

北京邮电大学

2023 年 4 月

目　录

第 1 章

信息交互设计概述

1.1　信息交互设计的概念

所谓"交互"，是指两个或多个对象之间的相互影响。在操作计算机的过程中，用户向计算机发送指令，计算机对用户的指令做出反馈，这个过程就是人与计算机之间的交互。1984 年，IDEO 公司的创始人 Bill Moggridge 首次提出了"交互设计"的概念。世界交互设计协会第一任主席 Robert Reimann 对于交互设计的定义是："交互设计是定义人工制品（设计客体）、环境和系统的行为的设计。"从本质上而言，交互设计的宗旨是优化用户与系统、环境与产品之间交互的过程，从而保障交互的行为和结果符合用户的心理预期。

1999 年，美国学者 Nathan Shedroff 在《信息交互设计：设计的统一理论》一文中指出，信息交互设计由信息设计、交互设计和感知设计 3 个方向交叉组成，其中，信息设计强调信息的传达，交互设计重视用户与产品、环境与系统之间交互的过程，感知设计关注用户的情感和需求，三者相辅相成形成了"三位一体"的系统化理论体系。

1.2　信息交互设计的发展

1.2.1　交互技术的发展

1. 个人计算机

1973 年，施乐帕洛阿尔托研究中心开发出了第一台面向个人使用的计算机——Alto。1977 年，科技巨头苹果公司发明了第一台家用台式计算机——苹果 II，首次创立了"个人计算机"（Personal Computer，PC）的概念。1981 年，随着 IBM PC 问世，"个人计算机"这一术语被正式确定下来。1983 年，苹果公司发布了第一台采用图形界面的个人计算机；次年，第一代 Macintosh 诞生，尽管其只能显示黑白两色，但是已经具备了桌面、窗口、图标、光标、菜单等元素。

2. 鼠标

1968 年，美国斯坦福研究院的 Douglas Engelbart 设计出了世界上最早的鼠标原型：该装置由一个木盒子组成，表面有一个按钮，下面是两个横竖向的轮子，分别用来记录 X、Y 坐标的位置，因此在当时被称为"X-Y 定位指示器"。随后，鼠标先后应用于施乐公司推出的 Alto、苹果公司推出的 Lisa 和 Macintosh 等个人计算机中，得到了社会的广泛关注。鼠标的出现降低了人们操作计算机的门槛，对人机交互的发展起到了至关重要的作用。

3. 触控交互

1965 年，英国皇家雷达研究所的 E. A. Johnson 首次提出了触摸屏的概念。1971 年，美国发明家 Samuel Hurst 博士制作出了最早的电阻式触摸屏——AccuTouch，这种设备可通过把图形放在平板上，或者用笔在平板上施加压力的方式保存图像数据。

1982 年，多伦多大学的 Nimish Mehta 开发出了第一个可操作的多点触控设备。1993 年，IBM 和南方贝尔（Bell South）共同开发了 Simon 通信设备，其很可能是世界上第一款触摸屏式智能手机。然而，真正"引爆"触摸屏式智能手机的还是苹果公司于 2007 年推出的高分辨率、具有多点触控功能的 iPhone。自此，触摸屏已经成为智能手机的标准配置。

4. 其他交互形式

1）语音交互

语音交互是人与计算机通过自然语言进行信息交流的交互方式。1990 年，业界出现了语音应答的交互模式。这种语音应答通过电话拨号的方式进行语音交流，一般应用于运营商的客服领域。随后，各大公司都推出了自己的语音助手，如微软的 Cortana、苹果的 Siri 等。近年来，各大公司还推出了自己的语音交互设备，如 Amzon Echo、Google Home 等智能家居音箱。

2）手势交互

手势交互是通过对人的肢体语言进行识别和分析，将其分割成机器可以理解的形式，并转化为命令对智能设备或环境进行控制的交互方式。2007 年，苹果公司发布了第一代具有多点触控功能的 iPhone，真正建立了手势交互的标准。2013 年，索尼 Xperia Sola 首次引入了"浮空触屏技术"（Floating Touch），手指进入距离屏幕 15mm 范围内就能触发操作手势。另外，它的感应器很灵敏，能够识别有效的点击、滑动、轻扫等手势。

3）三维交互

三维交互是用户直接在三维空间进行操作的交互方式。1962 年，Morton Heilig 发明了 Sensorama 模拟器，它提供了三维视频反馈，并通过运动、音频和反馈产生一个虚拟环境。1968 年，Ivan Edward Sutherland 创造了一个头戴式显示器，其通过呈现该环境的左右静止图像产生一个三维虚拟环境。由于技术和成本的限制，早期的三维虚拟交互仅应用于军事领域。近年来，三维交互方式开始应用于教育、娱乐等领域。

1.2.2 交互界面的发展

随着交互技术的不断进步，交互界面也在飞速发展，本节以 PC 端和移动端的操作系统界面为例，介绍交互界面的发展情况。

1. PC 端操作系统界面

1）施乐操作系统界面

1973 年，施乐帕洛阿尔托研究中心开发出了第一台个人计算机 Alto，首次为用户提供包含 Windows、Icons、Menus 和 Pointer 四大组件的图形用户界面（Graphic User Interface，GUI）。Alto 被认为是用户界面发展史上的里程碑，也成为第一批使用基于桌面隐喻操作系统的计算机。桌面隐喻即在计算机屏幕上虚拟呈现用户熟悉的办公室，这种隐喻可以提升用户和机器间的信任感，使用户更容易学习和掌握如何使用用户界面。Alto 有强大的处理图像信息和分享信息的能力，内置了大量的字体格式。虽然 Alto 在商业上没有取得成功，但其对计算机界面和交互方式的创新，为日后 PC 端操作系统界面的发展做出了卓越的贡献。施乐公司随后推出的 Star 延续了 Alto 的概念，其操作系统界面如图 1.1 所示。

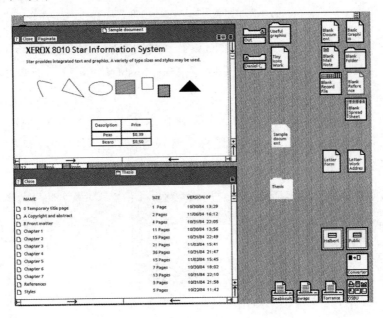

图 1.1　施乐公司 Star 操作系统界面

2）苹果操作系统界面

1983 年，苹果公司推出 Lisa 计算机，它拥有类似 Star 操作系统的图形用户界面。1984 年，苹果公司发布了最早版本的 Macintosh 操作系统，并将其命名为 System 1.0，其界面如图 1.2 所示。System 1.0 是首个在商用领域获得成功的图形用户界面操作系统。现今许多基本的图形化接口技术和规则，都是基于 Macintosh 操作系统建立的。

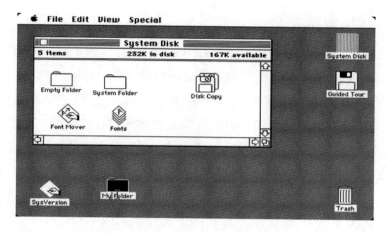

图 1.2　苹果公司 System 1.0 界面

　　此后，苹果操作系统界面不断更新，其发展历程如图 1.3 所示。1987 年的 Apple Macintosh Ⅱ 是第一代彩色 Macintosh 操作系统，拥有 24 位可用颜色；1991 年的 System 7 增加了更多颜色及阴影效果；1997 年苹果公司发布全新 Mac OS 8，自此之后苹果操作系统正式更名为 Mac OS。该操作系统已经能够支持 256 色的图标，其灰蓝色彩主题也成为苹果操作系统的标志。

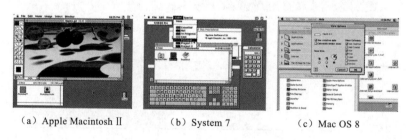

（a）Apple Macintosh Ⅱ　　　　（b）System 7　　　　（c）Mac OS 8

图 1.3　苹果操作系统界面发展历程

　　2001 年，苹果公司推出了全新的操作系统 Mac OS X，其界面如图 1.4（a）所示。在 Mac OS X 操作系统界面中，默认的 32×32 色、48×48 色图标被 128×128 色图标代替，并增加了渐变、背景样式、动画和透明度的视觉效果。该操作系统界面推出后引发了大量的批评，但没过多久用户就接受了这种新风格，该风格还成为 Mac OS 的招牌。随后，苹果公司不断升级推出 3D 动画、深色模式等效果，如图 1.4（b）所示，引领了一波又一波界面设计的新潮流。

（a）Mac OS X　　　　　　　　　　　（b）Mac OS Monterey

图 1.4　Mac OS 操作系统界面

3）微软操作系统界面

1985 年，微软公司正式发布了 Windows Version 1.0，操作系统界面如图 1.5（a）所示。它可以在一个窗口中同时运作几个 DOS 程序，在一个对话框中呈现选项按钮、复选框、文本框和命令按钮。1995 年，微软公司发布 Windows 95，操作系统界面如图 1.5（b）所示。Windows 95 对用户界面进行了重新设计，在每个窗口中都添加了"关闭"按钮，同时设计了各种状态（启用、禁用、选定、停止等），著名的"开始"按钮也在该界面中首次出现。这对于 Windows 操作系统而言是一个巨大的进步。

2001 年，微软公司发布了拥有全新用户界面的 Windows XP 操作系统，操作系统界面如图 1.5（c）所示。Windows XP 操作系统采用 Luna 用户图形界面，视窗标志也改为较清晰亮丽的四色窗标志，默认桌面背景墙纸是家喻户晓的 Bliss 风景图。2007 年，微软公司发布的 Windows Vista 操作系统包含了 3D 和动画效果，同时使用桌面小工具取代了活动桌面。2011 年，微软公司在 Windows 8 操作系统中对界面做了较大的调整：取消了经典主题及 Aero 效果，加入了与 Windows 操作系统传统界面并存的 Modern UI，如图 1.5（d）所示。Modern UI 被称为开始屏幕，即动态磁贴，可显示信息、调节大小、调整位置、选择隐藏等。此后，微软公司以简单、快捷、高效、可靠为目标不断改善界面操作，持续占据着个人计算机操作系统的垄断地位。

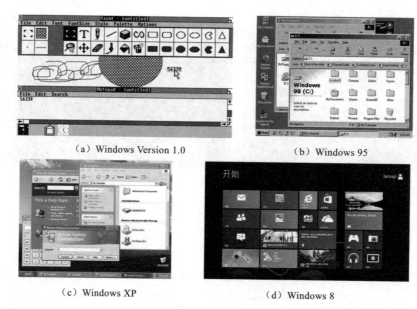

（a）Windows Version 1.0　　　　　（b）Windows 95

（c）Windows XP　　　　　　　（d）Windows 8

图 1.5　Windows 操作系统界面

2. 移动端操作系统界面

1）掌上电脑时代操作系统界面

　　掌上电脑（Personal Digital Assistant，PDA）兴起于 20 世纪 90 年代，集信息输入、存储、管理和传递于一体，具备办公、娱乐、移动通信等强大功能。Palm OS 是 Palm 公司开发的专用于 PDA 的操作系统，提供了一套用于个人信息管理的程序，如图 1.6（a）所示。Windows CE 则是微软公司开发的 PDA 操作系统，可以看作精简的 Windows 95 操作系统，如图 1.6（b）所示。

（a）Palm OS　　　　　　　　（b）Windows CE

图 1.6　掌上电脑时代操作系统界面

2）功能机时代操作系统界面

2001 年，诺基亚 9210 推出的塞班（Symbian）操作系统引起了人们的广泛关注，从此移动端迎来了功能机时代。功能机操作系统的交互界面可分为两类：一类是以 Symbian 操作系统为代表的功能化操作系统，其具有固定的任务状态栏、统一风格的系统图标和自成一派的交互逻辑，如图 1.7（a）所示；另一类以 Windows Mobile 操作系统为代表，其仍然延续 PC 端操作系统的界面风格和操作逻辑，如图 1.7（b）所示。

(a) Symbian　　　　　(b) Windows Mobile

图 1.7　功能机时代操作系统界面

3）智能手机时代操作系统界面

iPhone 手机和 Android 操作系统的问世，标志着智能手机时代的到来。iPhone OS 1.0 操作系统的图标采用独特又规整的圆角图形，使得主界面在视觉效果上均衡稳定，也延续了同时期苹果 PC 端的拟物化风格，如图 1.8（a）所示。初代 iPhone 手机发布后，其操作系统的图标及内部的 UI 规范在后续设计中一直使用，并在交互逻辑、视觉表现等方面不断改进，朝着更精致、更成熟的方向发展。与之并行的 Android 操作系统也在迅速发展，Android 1.0 操作系统的主界面也大量使用了圆角化图标，整体风格更卡通，但是操作系统的 UI 风格并不统一，如图 1.8（b）所示。在后续的 Android 操作系统版本中，谷歌对图形用户界面进行了不断调整，如今已形成独成一派的"Material Design"风格。

（a）iPhone OS 1.0　　　　　　　　　　　　　　（b）Android 1.0

图 1.8　智能手机时代操作系统界面

3. 其他操作系统界面

在物联网不断发展的背景下，手机企业纷纷开始打造可跨应用、跨设备的全场景操作系统。如图 1.9 所示，鸿蒙操作系统是一款面向全场景的分布式操作系统，其创造了一个虚拟终端互联世界，将人、设备、场景有机地联系在一起。Fuchsia OS 在功能上与鸿蒙操作系统相似。这两大物联网操作系统的交互界面延续了现有移动端操作系统的设计风格，并尽可能地减少按钮和装饰性元素，使界面更加简洁。

图 1.9　鸿蒙操作系统界面

1.3　信息交互设计流程

信息交互设计是一门具备动态性、复杂性、高度学科交叉性的设计科学。信息交互设计包含设计目标与需求分析（见第 2 章）、设计定义（见第 3 章）、信息架构设计（见第 4 章）、交互设计（见第 5 章）和界面设计（见第 6 章）5 个阶段。本节将系统地介绍信息交互设计的完整流程，以及每个阶段的基本内容。

1.3.1　设计目标与需求分析

在进行信息交互设计时，首先需要确定设计服务的对象，以及要帮助服务对象达到什么目标。因此，信息交互设计的第 1 个阶段是对设计目标和需求的探索与分析。该阶段的主要任务是结合信息交互设计面向的用户群体的特征，运用各类桌面研究和用户调研方法，收集相关信息，确立信息交互设计的总体目标和目标用户，挖掘目标用户在使用当前产品时存在的痛点和潜在需求；在需求收集结束后，设计者还需要对需求的类型和重要性等进行评估，并将其作为后续设计流程要实现的目标。本书第 2 章介绍解析与确立设计目标、收集利益相关方需求、构建典型人物及分析需求数据相关的常用方法。

首先，本书引入利益相关方和目标用户的概念，帮助设计者梳理设计需求的来源，并介绍典型人物的概念和意义，通过对典型人物形象的构建使设计需求得以生动、具体地展示出来，有助于设计者定位目标用户、挖掘核心需求和预测趋势。其次，本书介绍需求收集的常用方法，根据数据来源的不同着重介绍了桌面研究和几种常用的用户研究方法，在实际的需求收集分析中，设计者需要根据目标定位、具体场景和数据的掌握程度，选择合适的方法或将多种方法组合使用。最后，本书介绍常用的需求数据分析方法，帮助设计者理解数据的类型，以及如何针对不同的数据类型选择有效的定性或定量的数据分析方法；以差异检验为例，介绍如何采用科学的数据统计分析方法，基于样本获得的需求数据对目标用户的总体需求情况进行判断。

1.3.2 设计定义

确定了需求后，在信息交互设计的第 2 阶段，需要将利益相关方和目标用户的需求转化为设计定义，这是提出有效设计解决方案的第1步。鉴于从利益相关方和目标用户视角分析的需求往往无法直接转化为产品的设计元素，本书提出以用户体验为出发点来呈现用户需求的观点，并使用需求转化的方法将需求转化为对应的设计创意点和具体设计元素，再对这些设计创意点进行多角度的可行性评估，最终得到完善的设计定义和完整的设计方案。本书第 3 章重点介绍质量功能部署、卡诺模型等科学有效、可操作性强的方法，帮助初学者了解如何将收集到的需求转化为宏观的设计创意方案和具体的设计元素。

本书将收集到的需求分为Ⅰ型需求（模糊的体验性需求）和Ⅱ型需求（具体的设计诉求或技术需求），设计者需要针对不同的需求选择合适的方法将其转化成宏观的信息交互设计创意点，以及信息架构、页面布局和界面风格等微观的设计元素，作为设计解决方案。在这个过程中，设计者可以使用质量功能部署等方法，提高需求转化的效果和效率。本书首先介绍了如何从体验性需求出发，利用质量功能部署方法，以利益相关方及用户的需求和痛点为出发点，探索与需求满足和痛点解决相关联的设计解决方案，之后利用基于关联分析的汇总结果对设计创意点和具体设计元素进行二次选择，保留可行性强且与需求满足关联性高的设计创意点和具体设计元素。针对选择过程，本书提供平衡计分法和卡诺模型两种方法，通过分析具体案例帮助读者了解如何计算设计解决方案的价值，从而有效地定义设计解决方案。

1.3.3　信息架构设计

信息架构设计是指在前两个阶段工作的基础上，对产品的信息进行组织和分类，以便用户可以快速、准确地找到自己需要的信息。根据设计目标和需求定义梳理出合理的信息架构，整理出各模块之间的组合方式和界面之间的层级属性，能够为用户展示更合理、更有意义的信息。本书第 4 章详细介绍信息组织、导航、标签、搜索模式设计的概念和分类，以及卡片分类的方法，以帮助读者更好地理解和设计信息架构。

本书基于 Richard Saul Wurman 的 LATCH 原则介绍 5 种信息组织方式，设计者在信息架构设计阶段需要根据实际信息内容和应用场景选择合适的信息组织方式，从而帮助用户有效地理解其中的内容。另外，良好的导航设计也是用户在使用产品时必不可少的一环，它决定了用户能否在产品中找到他们所需的功能或信息。本书讲解多种导航方式和应用场景，以帮助设计者更好地为产品选择合适的导航；也介绍标签系统和搜索系统。最后，本书阐述卡片分类法的类型和实施过程，能够帮助研究者和设计者对信息架构进行迭代完善。

1.3.4　交互设计

交互设计是信息交互设计流程中的核心环节。在进行交互设计的过程中，设计者首先需要了解交互设计的用户体验目标，深入理解设计原则和设计定律，形成对交互设计思想的整体认知；设计者还需要了解交互设计涵盖的交互元素、布局模式、原型工具等具体知识，从而有效地将设计思想融入设计实践中。本书第 5 章围绕交互设计的目标和设计原则、交互元素、交互布局和交互原型等内容展开详细阐述。

本书首先从交互设计的目标切入，介绍交互设计中的 Don Norman 的 7 个基本原则，以及交互设计 7 大定律；随后详细阐述交互设计中的基本元素和布局原则，共介绍 8 种布局模式和 5 种布局原则供设计者学习和应用。在交互原型部分，本书详细介绍线框图的绘制方法和 5 款常用的原型绘制工具，以帮助设计者快速构建交互原型。

1.3.5　界面设计

界面设计是信息交互设计的最后一个阶段，它将产品的功能、架构和美学汇集到一起，为用户呈现最优视觉效果，向用户传达产品背后的设计理念。本书第 6 章阐述界面设计原则，以及色彩、文字、图标等元素的设计要点，帮助设计者构建设计规范。

本书首先讨论几种常见的设计风格，然后通过介绍色彩的基础知识、色彩在交互设计中的功能和应用，帮助读者建立对色彩的完整认知。此外，本书介绍图标和文字等重要设计元素，以及弹出框、交互引导、提示和微动效等常用的视觉吸引方式。本书从组件库、字体库、色彩库 3 个版块对设计规范进行详细讲解，帮助设计者建立界面一致性规范。最后，本书介绍 3 种常见的设计原则，为设计者和研究者提供指导。

第 2 章

设计目标与需求分析

2.1 信息交互设计目标

信息交互设计目标是指一个产品通过信息交互设计所要达成的目标和方向。任何信息交互设计都具有一定的宏观目标和微观目标，例如，在设计一些主流媒体的互联网产品时，其信息交互设计目标就包括向读者和用户报道社会热点事件、弘扬主旋律和正能量，以及激发社会积极向上的动力等宏观目标。在微观层面，设计者需要使用易于阅读、赏心悦目的色彩搭配、字体和页面布局方式，以提升读者的阅读体验。

总体来讲，信息交互设计服务于两类目标：商业目标和公益目标。

2.1.1 商业目标

通过服务客户来获取商业利益是商业产品的重要目标，能否直接或间接地给商业产品的提供方带来收入和利润是衡量这类产品设计是否成功的重要指标。在进行商业产品的信息交互设计时，设计者需要与利益相关方进行充分沟通，了解商业产品所服务的整体商业战略目标，并在必要时采用战略地图等方法将商业目标拆解为设计团队的行动计划，以此来助力达成商业目标。设计者应避免将产品设计偏离公司或组织的商业目标，给公司或组织带来商业损失。

2.1.2 公益目标

即便是以追求商业利益为主要目标的产品，也不能因追求其商业方面的价值，而忽略其公益方面的责任。以短视频类网站产品为例，在设计产品时，为了达到商业利益的最大化，需要具备植入广告、推荐引流、直播卖货等商业功能，但同时要考虑植入广告内容的健康性、商品的品质，以及对用户个人信息的保护等公益目标。除商业产品外，以公益性和公共服务为目的的公益产品，本身就以保障人民群众基本利益、方便人民群众生活、推进社会公平等公益目标为核心宗旨，因此，在制定产品目标时，承担社会公益方面的责任更是义不容辞的。总体来看，公益目标涉及如下几个方面。

1. 用户目标

用户是产品服务的对象。对以实现商业目标为主的产品而言，用户是其商业收益的主要来源。在设计商业产品的信息交互时，能否在实现商业目标的同时，为用户带来价值和收益、创造良好的体验、满足用户的期望和需求，从而实现与用户的双赢，是商业产品成功的关键性因素。因此，即便是商业产品，也需要在设计之初就认真思考产品能给用户带来什么价值、用户使用产品的目标是什么、用户存在哪些痛点和需求、产品的设计能否帮助用户实现目标、哪些设计可能会阻碍用户实现目标等，不能仅关注用户能给自己带来什么商业价值。只有这样统筹兼顾，才能真正扩大用户规模和提高用户黏性，并最终实现商业价值。相反，如果一味追求商业目标而忽视了用户目标、损害了用户利益，就会造成用户满意度降低，甚至导致用户流失。

对于公共服务产品而言，服务公众、帮助公众达到个人目标及促进社会的和谐发展是其核心价值，而用户个人目标达成往往是其他目标达成的基础和保障。例如，人民网的"人民建议"版块虽然并不会给人民网带来直接的商业价值，但在促进人民群众与主管部门有效沟通、了解民情民生状态方面有极为重要的价值。公众在遇到个人问题时有了反馈渠道，人民群众对相关部门及其提供的公共服务产品的满意度就会提升。从长远来看，这有助于人民群众安居乐业、社会和谐稳定，其蕴含的潜在经济效益和社会效益尤其巨大。

2. 社会目标

人类社会是一个由不同利益相关方构成的命运共同体。在进行信息交互设计时，除了考虑如何服务用户个体利益，也要考虑如何承担实现人类社会共同目标的责任。社会目标包括基本权利的保障、和谐共处的社群、弱势群体的帮助、自然环境的保护、生物多样性的保护、能源的节约、可持续发展等，这些方面关系到社会的健康发展和人类的共同命运，因此在进行信息交互设计时也必须考虑在内。

2.2 设计需求来源

在定义信息交互设计需要达成的目标时，不同利益相关方的需求是重要参照依据。虽然设计者在产品设计活动中扮演关键角色，但一个产品的设计输入往往不是只有设计者这个单一渠道。从设计需求的视角看，一个产品或服务的设计需求往往来源于多个方面。在进行设计需求收集与分析时，首先需要分析影响设计需求的因素和利益相关方有哪些，以及这些不同利益相关方的设计需求存在哪些共同点和冲突点。

2.2.1 利益相关方与目标用户

1. 利益相关方

利益相关方是指那些会影响设计活动，以及受到设计活动影响的个体或组织。广义的利益相关方包括投资人、供应商、内部相关的职能部门和目标客户等直接利益相关方，以及政府监管部门、相关民间组织和非目标客户等间接利益相关方。在进行需求分析时，首先需要确认有哪些利益相关方的利益会决定设计需求的定义。内部利益相关方决定了设计需求能否在企业组织内部达成共识，从而左右设计需求在内部各流程环节中的落实程度，例如，产品规划、技术、市场、供应、质量、销售、运营、维护等部门都会在设计需求定义过程中发挥一定的影响力。外部利益相关方则会对设计产出能否得到社会和市场认可起到一定作用，例如，在定义用户注册时需要提供相关的信息，在选择设计风格时需要考虑相关的法律法规，以及一个地区的文化风俗等因素的影响。

2. 目标用户

商业产品通常面向个体消费者或各垂直领域的集团客户的需求，为其提供产品或服务。个体消费者或集团客户就是产品的目标用户，也是决定设计需求的直接利益相关方。其他利益相关方尤其是内部利益相关方需要将直接利益相关方即目标用户的需求和利益放在中心位置。对于商业产品而言，目标用户决定了产品能否为企业组织带来商业价值和财务收益，这也是以用户为中心的设计（User Centered Design，UCD）思想的重要出发点。没有目标用户带来的收益，一个商业产品就无法实现其商业价值。因此，用户是商业产品的"衣食父母"。

需要注意的是，有些用户虽然并非产品的目标用户，但其利益却受到产品如何使用的影响，是产品的间接利益相关方。例如，有些用户拥有自己的自行车，他们不是共享单车的典型目标用户，但共享单车如何停放可能会影响他们的骑行和停放体验，因此在进行共享单车的骑行和停放规则设计时，需要考虑到对这类间接利益相关方的影响。总体而言，在进行用户需求分析时，需要同时兼顾目标用户和间接利益相关方的需求。

2.2.2　典型人物

1. 什么是典型人物

典型人物（Persona）又称典型用户，是设计过程中为了将目标用户的典型特征和需求具象化而创建的一个虚拟角色。因此，在定义典型人物时需要最大限度地体现目标用户的特征和需求。

一个典型人物通常包括：一幅能体现目标用户的年龄、性别、职业等人口统计学特征的人物图片；典型的人口统计学特征描述；与产品相关的经验和痛点的具体说明；使用产品的动机、场景与交互行为；等等。在用户需求分析中使用典型人物时，典型人物需要包含用户需求相关的信息。

2. 典型人物的作用

即便是团队采用了"以用户为中心"的设计理念，因潜在的目标用户众多，一款产品通常也无法满足所有用户的需求。多数产品的潜在目标用户因年龄、收入、地域、产品使用经验、学历、价值观等方面的差异，对产品的需求、使用动机、使用行为和场景等往往也存在差异。因此，能否了解与洞察潜在目标用户的特征和需求，从而在设计时有的放矢，是能否将有限的设计资源投入关键设计要素中的决定性因素。

深入了解目标用户是信息交互设计的重要前提。典型人物可以帮助设计者/设计团队回答产品信息交互设计中一个非常重要的问题："产品为谁设计？"通过典型人物来描述目标用户存在的痛点、期望和动机，是设计出满足用户需求的产品的重要依据。

在设计过程中建立和使用典型人物具有如下价值。

1）聚焦设计资源

在大多数情况下，产品提供方对于一个产品的资源投入是有限的。几乎没有产品可以满足所有人的需求。因此，在产品生命周期的早期计划阶段，确定产品的目标人群是谁、需要解决的核心问题和满足的关键需求有哪些，可以帮助设计团队制订资源部署方案，做到资源利用最大化。在遇到冲突需要进行资源投入优先级排序时，典型人物可以帮助设计团队将资源优先投入目标人群的关键问题和需求上。

2）与目标用户建立同理心，以期共鸣

设计者能否设计出对使用者有价值的产品，非常关键的一点是，设计者是否对目标客户有同理心，能否站在用户角度进行设计。

典型人物可以帮助设计者站在用户角度思考影响设计的因素，理解目标用户，跳出自身的认知局限，与用户共情共鸣，分析用户的需求和需要解决的问题，从而避免将设计者自己的需求移植到用户身上，走入"以设计者为中心"的误区。

典型人物还可以在产品上线或上市之前将相对模糊的"目标用户"形象化、具体化。在产品上市前，设计者无法获得"真实用户"的信息，因此其设计目标往往是模糊的。但基于对产品的定位、目标市场和目标用户的假设，构建一个活生生的、能反映"真实用户"特征的典型人物，在设计阶段设计者就能设身处地地思考如何让自己的设计贴合用户的需求。

3）为设计决策提供指导依据

对典型人物所代表的目标用户的行为和需求进行深入理解，可以从"以用户为中心"的视角思考为谁而设计的问题，以及哪些功能和设计点是必要的、哪些功能和设计点是不必要的。基于对典型人物的特征描述，设计团队还可以对设计需求进行优先级排序（例如，可以根据设计点能满足典型人物主要需求的程度对设计点进行优先级排序）。可见，典型人物是设计决策的重要依据。

例如，针对自动调节屏幕亮度功能是否默认开启的问题，当没有典型人物的特征作为依据时，一名设计者可能会说，"我认为压根就没有必要默认开启自动调节屏幕亮度功能，屏幕亮度调节不合理时用户会奇怪发生了什么。"如果另一名设计者说，"这是传感器灵敏度和算法的问题，我们要为用户提供这样的默认选项，用户在不用时可以关掉该默认选项。"这时就会陷入争论。相反，如果基于典型人物的行为特征和使用场景进行设计冲突，就可以说，"因为我们的目标用户经常外出，在移动状态下使用手机的情况比较多，光线条件变化大，如果屏幕亮度不自动调节，目标用户就需要在光线条件变化时频繁地调节屏幕亮度，因此可以先默认开启，如果测试过程中发现调节效果不好，可以提示在哪儿关闭或手动修改。"有了"经常外出"这样一个典型人物特征和使用场景，设计决策就有了更具体的依据。

4）有助于防止落入常见的设计陷阱

设计者在设计的时候，容易将自己假想成用户，进行虚化的共情，从而落入为自己（想象中的用户）设计产品的陷阱。这种设计思路的出发点虽然是与用户共情，但因为缺少对真实用户的理解，其结果可能仅是"感动自己"。缺少真实用户特征的描述而针对假想用户进行设计的结果可能与真实的目标客户的期望相差甚远，因为真实的目标用户可能与设计者的想象差别很大，甚至完全不同。例如，有的设计者是年轻人，并且喜欢二次元的设计风格，就把这种风格用到面向青年人群的金融理财产品的设计中。这样的做法常常是一场结果未知的设计赌博。

5）有助于寻求共识

如前所述，一款产品往往有多个利益相关方，每个利益相关方都或多或少地希望能把自己的需求体现到产品设计中，包括设计者（可能希望界面简洁）、投资方（可能希望加入广告位以增加收入）、产品经理（可能希望产品功能多）、前后端开发者（可能需要尽量小的开发量）、运营方（希望能把图标做大、用饱和度更高的颜色吸引用户访问）等。但是，如果利益相关方的需求输入损害了用户利益，就会影响产品的最终收益。典型人物可以帮助利益相关方以用户的利益为中心考虑自己的利益需求，实现多方利益共赢。

这时就可以在典型人物的基础上，结合各利益相关方的需求形成弹性用户（Elastic User）。相比较传统的典型人物，弹性用户定义的特征对利益相关方的不同利益诉求更为包容，是一个通用用户（Generic User）。当产品设计决策由不同的利益相关方做出时，弹性用户就可以帮助这些利益相关方从自己的利益角度来定义"用户"。但万变不离其宗，弹性用户的核心还是"用户"，它有助于利益相关方在产品中输入自己的利益诉求时思考如何兼顾其他利益相关方的利益，尤其是站在用户角度思考如何在不损害用户利益的前提下实现自己利益的最大化。

6）评价设计效果

在对设计概念和设计方案进行评价和选择时，用户体验和用户能贡献的收益是评价和选择的重要依据。这时，设计者可以根据典型人物特征，招募目标用户对设计概念和设计方案进行评价，从而在产品生命周期的早期阶段就能获得用户对产品的反馈和评价，以规避可能存在的问题，在必要时还可以对设计方案及时进行调整，做到对产品设计的精益化管理。

7）沟通设计方案

一款产品的成功是设计、功能、运营、市场、技术等多个因素共同作用的结果。设计者需要与功能、运营、市场、技术等不同部门的利益相关方沟通设计方案。这些利益相关方往往有不同的专业和学科背景，对同一款产品有不同的利益诉求，对同一个问题有不同的理解。设计者在设计决策时需要在不同利益相关方间寻求共识，消除不同利益诉求之间的鸿沟，甚至充分利用不同利益相关方的多元性优势，让产品设计更包容。因此，典型人物以所有团队成员和利益相关方都能理解的形式，为沟通设计方案提供了重要的参照信息。

3. 典型人物的建立步骤

典型人物虽然是一个虚拟的构想人物，但并不是凭空随意想象出来的，需要基于用户的相关信息，通过一定的方法和步骤来构建。根据用户研究专家 Lene Nielsen 提出的方法，可以通过如下 10 步建立一个典型人物。

第 1 步：收集数据

收集尽可能多的潜在目标用户的信息。这些信息的来源渠道包括垂直行业的市场细分数据、用户画像资料、企业内部与正在设计的产品相关的用户历史数据、在二手数据资料基础上有针对性地开展用户研究收集到的一手数据资料。

在这些数据资料的基础上，设计者对数据进行挖掘和分析，以便回答如下几个问题：

● 本产品的潜在用户是谁？

● 这些潜在用户的数量有多少？

● 这些潜在用户目前使用的竞品是什么？

- 这些潜在用户为什么需要我设计的产品？

- 这些潜在用户会在什么场景下使用我设计的产品？

第 2 步：形成假设

基于第 1 步收集的数据，对谁是你的目标用户形成假设。这时的目标用户可以是一个或多个，但当有多个目标用户时要有区分度和差异性。可以采用如下方法提出典型人物的假设：

- 区分典型人物与非典型人物的特征有哪些？如人口学数据、使用产品经验、生活方式等，注意这些特征应尽量与你设计的产品有关。

- 基于第 1 步收集的数据资料和上述特征，可以把所有潜在用户分成哪几类？

- 不同类别用户的典型特征有哪些异同点？

- 哪（几）类人群是你的目标用户？

- 如果有几类目标用户，按照你对典型人物的典型特征的理解，如何根据与典型特征的符合程度对这几类目标用户进行排序？

- 哪些特征是区分典型人物与非典型人物的关键特征？

第 1 步可以借助亲和图、同理心图等偏定性的方法来建立典型人物的假设。如果有定量数据，也可以借助聚类分析等方法，分析所有潜在用户可以分为几类，并结合设计目标选择能区分不同目标人群的重要特征作为典型人物的假设依据。

第 3 步：检验假设

第 2 步中已经基于内部和外部的二手数据资料和一手用户研究数据资料构建了初步的典型人物，但这个典型人物是不是真的存在于现实中，以及在真实的目标用户中能不能找到这样的用户，需要在第 3 步中验证，从而避免出现典型人物脱离现实的情况。可以通过如下步骤来检验对典型人物的假设：

- 对照第 2 步确定的典型特征，找到符合典型特征的用户。

- 收集用户喜欢/不喜欢的事物及其原因。

- 结合设计规划分析自己设计的产品，以及设计方向是否是用户喜欢的。如果是用户喜欢的，就支持对典型人物的假设；如果不是用户喜欢的，就摒弃对典型人物的假设，并重新寻找和选择典型人物。

- 假设的典型人物在什么情况下使用自己设计的产品？这些场景是否与设想的场景一致？

上述步骤中的这些问题可以通过小样本的用户研究来进行初步验证。

第 4 步：发现模式

在第 3 步检验结果的基础上，进一步定义典型人物的典型特征（包括必要时重新分类和选定典型人群、去掉不符合假设的特征、增加重新发现的特征），并基于这些特征再次对典型人物进行分类和定义，这时要澄清以下几个问题：

- 一开始设想的典型人物及其典型特征是否成立；

- 是否需要考虑其他一开始没有想到的人群；

- 共需要构建几个典型人物；

- 如果有两个或以上的典型人物，对设计而言其是否有优先级。

在回答上述问题时，可以采用与第 2 步类似的定性分类和定量聚类的分析方法。

第 5 步：构建典型人物形象

截至目前，对于需要几个典型人物，以及每个典型人物的特征是什么已经有了清晰的理解，接下来需要将典型人物及其特征用形象化、具体化和定量化的方式表现出来，从而让典型人物这个虚拟角色变得生动形象，就像一个在现实世界中真实存在的人物。

在设计活动中，使用典型人物的目的是根据用户遇到的问题和需求来设计产品和提供服务，提出设计解决方案。因此，在构建典型人物时，也需要以这样的方式描述人物角色，从而能够带着足够的共情和同理心来理解用户。

一个典型人物形象通常包含如下信息。

- 能区分典型人物和非典型人物的关键特征，包括：性别、年龄、教育水平等人口统计学特征，同类或相似产品使用经验，对同类或相似产品的期望，生活方式、兴趣、价值观等个人信息。

- 使用竞品时的体验痛点，以及对目标产品的潜在需求。

- 根据前面的分析结果生成一些与个体特征相关的细节信息，使构建的典型人物形象看起来像在真实世界中存在的鲜活的人物，让关注典型人物形象的用户看到描述后能联系到身边的人，如喜欢新奇有创意的物品的 20 岁的男大学生等。

- 每个典型人物都有一个真实的、符合其特征的人名。

- 在保护隐私的前提下采用真实用户的照片，或者设计一个尽量接近真实用户的画像。

完成上述信息的收集后，可以将这些信息用 1～2 页文字汇总成具体的典型人物画像海报（见图 2.1 中的案例）。

张翠兰

人口统计学特征	抖音使用情况	使用体验
年龄：67 岁	使用经验：3 年	积极方面：能从视频中看到各种笑料，生活态度更积极
职业状态：退休	使用时长：每天 3 小时左右	
收入：7000 元	使用时间：早晨 6～8 点，晚上 8～10 点	消极方面：观看视频时间无法自我控制，长期用一个姿势使用手机加重身体负担，影响睡眠，眼睛不舒服，过度购物
健康状态：良好	主要使用场景：在家时看家庭生活、购物相关视频，外出时刷推荐话题相关视频	
教育水平：大学本科		
生活状态：夫妻二人，有一个儿子和一个孙女		

图 2.1　典型人物画像案例

第 6 步：定义使用场景及背后的需求

使用场景对于信息交互产品的设计极为重要，决定了用户如何与产品进行交互。因此，可以根据典型人物的特征来构建目标用户与产品交互的场景。使用场景可以描述典型人物将在哪些情况下使用设计的产品，设计者继而可以推导出什么样的用户需求导致用户会有这样的使用场景。基于使用场景定义的需求分析更有说服力，可以避免闭门造车。

第 7 步：验证和采纳

为了确保所有利益相关方对典型人物的描述和场景达成共识，可以邀请尽可能多的利益相关方参与典型人物的创建过程，或者在创建典型人物形象后询问不同利益相关方对于典型人物的看法和意见。这个过程也是设计者与开发人员和其他利益相关方沟通用户需求的一种方式，只有利益相关方认同并采纳了典型人物的定义，才能确保组织内部不同岗位上的利益相关方能从不同利益和职责角度出发，合力将典型人物融入产品中。这个过程也是"以用户为中心"的设计与开发流程的重要体现。

第 8 步：典型人物宣贯

虽然邀请所有利益相关方都参与到典型人物的创建过程中是一种理想的情况，但在实际过程中难以实现。比如，完成典型人物创建后，公司与团队内部进行了组织架构调整，原先沟通过的利益相关方离职或新的利益相关方加入，等等。因此，能够将典型人物像企业核心价值观一样持续宣贯至关重要。在典型人物宣贯时除了说明典型人物，还要把创建典型人物背后所依据的数据和信息公开，这样能帮助利益相关方理解典型人物用到哪些场合，以及如何使用。

第 9 步：融入产品生命周期

如果企业有一套产品生命周期管理流程（Product Life Management，PLM），将典型人物的使用纳入 PLM 是将典型人物落地的理想方法。这样从前期的产品规划、概念设计，到后期的开发、运营和销售环节，以典型人物定义的用户需求都能更好地落地。当以典型人物定义的用户需求与产品生命周期各环节中以其他形式输入的用户需求不一致时，需要对典型人物进行二次改造设计，以适应 PLM 各个环节的输入形式，如产品规划阶段的消费者画像、产品定义阶段的产品定义文档、产品设计阶段的故事板和体验旅程地图、产品开发阶段的规格和参数、产品测试阶段的测试用例等。其中，转变为测试用例是一种强制性较高的将典型人物中定义的需求落地的方法，这样可以将典型人物的需求嵌入测试验收环节中。如果一个信息交互产品没有满足以测试用例形式定义的典型人物需求，这个产品的研发就无法进入下一个环节。通过这种方法，可以用一种强制性较高的方法将典型人物的需求变为产品定义和开发过程中必须考虑的重要因素。

第 10 步：迭代完善

典型人物不是一成不变的，在使用过程中来自利益相关方的使用反馈、用户的使用行为和客户的体验都可以帮助设计者不断更新和完善典型人物，加深对目标用户的洞察和理解。例如，来自产品规划部门的反馈可以更清楚地界定某个产品的典型人物与其他产品的典型人物的边界，来自运营和服务部门的业务数据和客户的体验可以帮助更新典型人物的需求和痛点。

2.3 设计需求收集

一个产品的成功往往是多个不同岗位共同努力的结果。在一个企业组织中，设计需求并不是仅来自设计岗位，还来自多个利益相关方，如客户/用户、技术、市场、竞争对手、制造与工艺、质量、销售、运营、维护等。除企业内部因素外，经济形势、社会趋势、政治因素等也是影响设计需求的因素。

因此，在收集和分析设计需求前，首先要确定需求的输入方和影响因素有哪些。需求分析从宏观上讲就是不同利益相关方收集、分析、定义、验证和管理需求的过程。

在以用户为中心的设计流程中，用户需求是众多利益相关方需求的核心。因此，本书主要讲述用户需求分析的相关方法。用户需求分析是使用各种结构化和非结构化的方法，了解目标产品或服务存在的问题、痛点，以及用户对目标产品或服务期望的方法。

从狭义视角而言，用户需求分析有助于确定促使用户采纳、付费使用产品和服务的驱动要素。从设计角度来看，用户对产品或服务的使用体验预期和使用现有竞品的痛点是设计需求分析的重要内容。广义上的用户需求分析还涉及用户对产品提供方的整体期望，如品牌价值、市场声誉等。

2.3.1　用户需求的分类

用户需求的分类方法有多种，常见的是马斯洛需求层次理论，其将需求分为生理、安全、归属和爱、尊重、自我实现 5 个层级。Steven Bradley 在马斯洛需求层次理论的基础上提出了设计的需求层次理论，包括功能性（Functionality）需求、可靠性和质量（Reliability）需求、可用性（Usability）需求、熟练性（Proficiency）需求、创意（Creativity）需求。考虑到本书内容主要以商业产品为主，因此价格和商品能提供的价值也是用户需求分析的重要内容。综合目前有关商业产品用户需求的分类方法，在进行用户需求分类时可以参照如下 5 个类别。

1. 功能性需求

尽管功能越多并不意味着越能满足用户的需求，但在实际情况下，功能往往是用户判断一个产品或服务能否解决其具体问题，或者满足其生活中特定需求的重要依据。在定义产品的功能性需求时容易走向两个极端：一个是功能过剩，有很多产品因陷入了功能过剩的陷阱导致产品过于复杂，影响了产品的使用，消费者购买了一些可能一直都不会用到的功能；另一个是功能缺失，如果一个产品未提供其他同类竞品都有的功能，就会存在"人有你无"的风险，导致用户因该产品没有所需要的功能而放弃。

对那些非常看重功能多少的用户而言，功能有无往往是他们在决策过程中能否从购买意向转向产品付费和购买决策的重要依据。

2. 价格需求

虽然看起来物美价廉是一条毋庸置疑的简单法则，但实际上价格需求不能简单地以用户有能力支付多少费用来定义。产品或服务需要以合理的价格提供给消费者。产品或服务提供方需要说服消费者他们所购买的产品或服务是物有所值的。不同的用户可能有不同的可支配收入水平和购买能力，但这并不意味着用户为了实现目标或解决问题愿意倾其所有。从用户的角度来看，产品或服务能提供的价值要比价格更容易反映其真实需求。根据满意度模型，物超所值要比价格低廉更能给客户带来满足感。如果用户获得的体验超出了他的期望，那么一件商品或一项服务的绝对价格就没有那么重要了，因为用户体验到了超出价格的获得感；相反，即使价格低廉，如果用户没有体验到其价值，他依然不会满意。研究发现，物超所值是很多用户对产品或服务忠诚的最大驱动因素。

3. 质量和可靠性需求

除了少部分愿意为尝试新产品或服务付出的用户，多数用户在选择产品或服务时不想冒险。产品或服务提供方需要通过向用户提供稳定、可靠、高质量的产品或服务来建立用户对产品或服务的品牌信任力和信心。质量和可靠性需求是满足用户需求的前提条件。

4. 可用性需求

常见的可用性需求涉及产品的可用性和实用性。无论一款信息交互产品的功能有多么多、价格有多么低、可靠性有多么高，如果这款产品无法使用或者不容易使用，其价值就无法实现。可用性需求是信息交互产品的最基本需求，虽然可用性较高的产品或服务的用户满意度不一定高，但可用性较低的产品或服务的用户满意度一定较低。

5. 非工具性或娱乐性需求

一款产品或一项服务能否让用户满意，除前面的 4 类基础性需求外，能否给用户带来积极的情绪和情感体验、相比较同类的其他产品是否有创意等，是决定信息交互产品对用户是否有吸引力的关键因素，是体现产品的独特性，并区别于其他同类产品的重要因素。

2.3.2　需求收集方法

需求收集方法可以从不同维度进行分类，如定性方法和定量方法、主观方法和客观方法等。本书将需求收集方法分为桌面研究法和用户研究法。

1. 桌面研究法

顾名思义，桌面研究（Desktop Research）法是一种坐在办公桌旁就能获得数据的研究方法。桌面研究法主要从现有资源中收集数据，因此它通常被认为是一种低成本的技术，其主要成本仅涉及执行时间成本、资料费等。但是，如果需求分析人员没有采用合理的方法来进行桌面研究，那么结果可能是不仅浪费了时间和金钱，而且获得了错误的需求信息。

方法得当且执行规范的桌面研究法非常有效，可以在需求分析的开始阶段进行，因为它非常快速且成本较低，并且可以轻松获取大量基本信息，这些基本信息可以作为需求分析过程的起点。

桌面研究法基本上有两种类型，即内部资料桌面研究和外部资料桌面研究，其中外部资料桌面研究又分为在线开源资料桌面研究、学术文献分析桌面研究，以及政府和行业协会公开发布的报告与数据桌面研究。

1）内部资料桌面研究

基于内部资料开展的桌面研究是企业组织最容易获得用户需求信息的方法。许多与用户需求相关的信息可以通过常规流程在企业组织内部获得。例如，用户账户中就包含了大量相关信息，包括用户正在使用的和使用过的产品或服务类型、购买数量、支付价格、一段时间的使用频率和时长、反馈的售后问题、在线服务的沟通记录等，甚至包括用户的年龄、性别、职业、居住地址和工作性质等信息。

进行内部资料桌面研究来获取用户需求数据的主要优势在于，其仅涉及企业组织内部现有的资料和信息，并且可以高效地收集到大量可靠的、真实的用户需求信息。相较于外部资料桌面研究，内部资料桌面研究的信息资源更容易通过不同部门之间的协作获得，财务支出通常也更少。

2）外部资料桌面研究：在线开源资料桌面研究

外部资料桌面研究是指在企业组织外部收集用户需求相关信息的方法。外部资料以互联网上提供的海量在线信息为主。从数据产生的模式来看，外部资料又可以分为专业人员产生的内容（Professional Generated Content，PGC）和用户产生的内容（User Generated Content，UGC）。由于在线开源资料是海量的，并且质量不一、类别庞杂，因此在提取这些在线开源资料时，必须有针对性。

随着网络爬虫技术的发展，提取在线开源资料的方法也变得更容易上手和多元化。其中，文本数据中包含了大量能直接反映用户需求的信息。文本数据采集的对象包括新闻、博客、论坛、微博、商品评价、应用商店评价等。下面是以 Python 平台为例，用于爬取网页上某个关键词相关内容的代码。

```python
import requests
import re
import os
def savepage(filename,resext):
    f=open(filename,"wb")
    f.write(resext.encode("utf-8"))
    f.close()
def getpage(filename,url):
    res=requests.get(url)
    res.encoding="utf-8"
    savepage(filename,res.text)
def getallpage(pages,url,dirnews):
    for i in range(1,pages+1):
```

```
        u=url.format(page=i)
        res=requests.get(u)
        res.encoding="utf-8"
        urls=re.findall('a href=https://xxx.xxx.com.cn/[a-z0-9/-]+.shtml
        target="_blank',res.text) #根据需求自定义爬取内容的 url
        urls=[u[len('a href=""):-len('" target="_blank')] for u in urls]
        for u in urls:
            name = u[u.rindex('/') + 1:u.rindex('.')]
            filename = dirnews + os.sep + name + ".txt"
            # 文件名称包含文件夹目录、文件形式
            getpage(filename, u)
            print(filename)
if __name__=='__main__':
        url = https://xxx.xxx.com.cn/roll/index.d.html?cid=56757&page={page}
        #根据需求自定义爬取内容的 url
        dirnews = r"C:\你要存储爬取数据的本地地址"
        pagesnumber=input("你要爬取的页码数量")
getallpage(int(pagesnumber),url,dirnews)
```

下面是爬取苹果应用商店中用户评论数据的 Python 代码（苹果应用商店对外仅开放了 10 页评论内容查看权限）：

```
import requests
import pandas as pd
from pandas import DataFrame
flag = [1,2,3,4,5,6,7,8,9,10]
urllist = []
for i in flag:
    url = f"https://xxx.xxx.com/rss/customerreviews/page={i}/id=983488107/sortby=
    mostrecent/json?l=en&&cc=cn"
    urllist.append(url)
rating = [] #评分
title = [] #标题
```

```
content = [] #内容
for url in urllist:
    res = requests.get(url)
    data = res.json()['feed']['entry']
    for i in range(len(data)):
        rating.append(data[i]['im:rating']['label'])
        title.append(data[i]['title']['label'])
        content.append(data[i]['content']['label'])
data = {'打分':rating,
        '标题':title,
        '内容':content
        }
df = DataFrame(data)
df.to_excel('自定义的爬取内容存储地址\存储文件.文件格式')
print(content)
```

爬取文本数据后，还可以对文本数据进行分析，步骤如下。

第1步：文本切分

文本切分是对中文文本数据进行分析的基础。文本切分是将文本数据分解或拆分为更小、更有意义的成分的过程。文本切分大致可以分为两类技术，即颗粒度较大的句子切分技术、颗粒度较小的词汇切分技术。

用户需求分析主要依赖的是特征词，因此主要使用颗粒度较小的词汇切分技术。

法语、意大利语、西班牙语等拉丁语系的语言最小单位均是相互独立的词语，词语与词语之间本身就有明显的间隔；但中文词语之间没有明显的间隔，因此需要更多的步骤进行词汇切分处理。

语料库（Corpus）或词典通常作为中文切分词、词频统计系统训练和测试的知识材料，也可以作为评价各文本数据挖掘系统有效性的标准。

在语言学中，语料库是大量文本的集合，语料库中的文本（称为语料）通常经过了整理，具有既定的格式和标记。本书中的语料库特指计算机存储的数字化语料库，可以进行检索、查询和分析。语料库具有"大规模"和"真实"两个特点，因此是理想的用于分析真实用户需求的语言和知识资源，是直接服务于文本信息处理等领域的基础工程。在进行文本数据挖掘的时候，首先要做的预处理就是词汇切分。现代词汇切分都是基于字典或统计的词汇切分；而字典分词依赖词典，即按某种算法构造词汇，然后匹配已建好的词典，如果匹配到就切分出来成为词语。通常依据词典进行词汇切分被认为是较理想的中文词汇切分方法。无论什么样的词汇切分方法，优秀的词典必不可少。在进行信息交互产品的用户需求分析时，往往需要在通用词典的基础上，结合信息交互产品的垂直领域和需求类别构建相应的词典。

常见的通用语料库和词典包括知网 HowNet、国家语言文字应用委员会主持建立的现代汉语语料库、中国科学院计算技术研究所研制的汉语词法分析系统（ICTCLAS）等。

SnowNLP 和 Jieba 语料库是 Python 中常用的第三方中文分词库。其中，Jieba 语料库中词汇的数量接近 35 万个，具有中文句子/词性分割、词性标注、未登录词汇识别、支持用户词典等功能，该组件的分词精度达到了 97%以上。Jieba 语料库中利用前缀词典对输入句子进行切分，得到所有的切分可能，根据切分位置构造一个有向无环图；通过动态规划算法计算得到最大概率路径，也就得到了最终的切分形式。

Jieba 语料库支持 4 种分词模式：精确模式，其目的是将句子最精确地切分，适合文本分析；全模式，将句子中所有可以成词的词语都扫描处理，速度快；搜索引擎模式，在精确模式的基础上，对长词再次进行切分，提高召回率，适用于引擎分词；Paddle 模式，基于 Paddle 深度学习框架，训练序列标注（双向 GRU）网络模型实现分词，同时支持词性标注。

jieba.cut 的传统分词方法有 3 个输入参数：jieba.cut(seg_data, cut_all=True/ False, HMM=True/False)。

（1）第 1 个输入参数 seg_data 为需要分词的字符串。

（2）第 2 个输入参数 cut_all 用来控制是否采用全模式，用法为

cut_all=True，或者 cut_all=False。

（3）第 3 个输入参数 HMM 用来控制是否使用隐马尔可夫模型（Hidden Markov Model），用法为 HMM=True，或者 HMM=False。

除以上 3 个常见的分词方法外，jieba.cut 推出了第 4 个输入参数 use_paddle，用来控制是否使用 Paddle 模式下的分词模式。Paddle 模式在使用时需要安装 paddlepaddle-tiny。

下面的代码演示了几种常用的中文词汇切分方法。

```
import Jieba
seg_data = "我来自北京邮电大学数字媒体与设计艺术学院"
print("默认模式（精准模式）:" +"/".join(jieba.lcut(seg_data)))
# 返回一个 list 类型的结果
seg_list = jieba.cut(seg_data, cut_all=True)   #返回一个 generator 类型的结果
print("全模式:" + "/ ".join(seg_list))
seg_list = jieba.cut(seg_data, cut_all=False)   #返回一个 generator 类型的结果
print("精准模式:" + "/ ".join(seg_list))
seg_list = jieba.cut_for_search(seg_data)       #返回一个 generator 类型的结果
print("搜索引擎模式:" + "/ ".join(seg_list))
seg_list = jieba.cut(seg_data, HMM=True)        #返回一个 generator 类型的结果
print("隐马尔可夫模式:" + "/ ".join(seg_list))
```

执行上述代码的结果如图 2.2 所示。

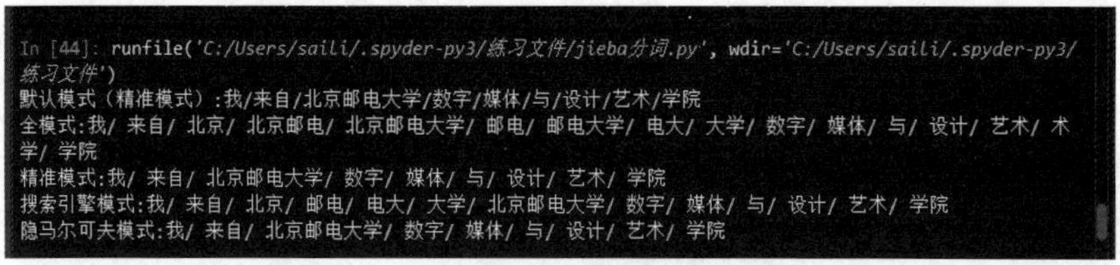

图 2.2　Jieba 分词模式的分词结果示例

增加、删除词：如前所述，Jieba 语料库中基于词典的分类方法的结果依赖词典的容量，但在面对每个实际问题时，可能会遇到一些特有的特征词，这时需要增加一些相关特征词才能保证结果的可靠性。例如，"美

观性"这样的文本数据挖掘中，就需要为 Jieba 词典增加、删除一些与美观性相关的特征词，但增加或删除词只对长词起作用，对于比 Jieba 语料库中的词还短的词，在分词时不起作用。

下面是未修改词典时对一句话的分词语句。

```
import Jieba
seg_data = "这个产品的服务还可以，但产品可靠性和界面美观性差，没有什么新意"
print("未修改词典结果:" +"/".join(jieba.lcut(seg_data)))
```

执行上述代码的结果如图 2.3 所示。

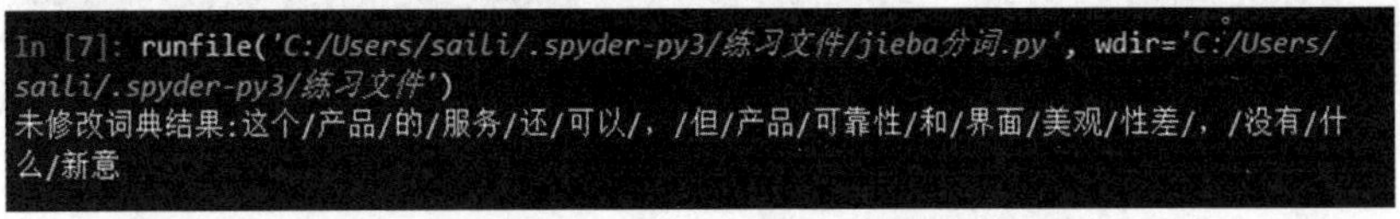

```
In [7]: runfile('C:/Users/saili/.spyder-py3/练习文件/jieba分词.py', wdir='C:/Users/
saili/.spyder-py3/练习文件')
未修改词典结果:这个/产品/的/服务/还/可以/，/但/产品/可靠性/和/界面/美观/性差/，/没有/什
么/新意
```

图 2.3 未修改词典时的分词结果

可以看出，未修改词典时，"美观性差"的分词结果不符合需求，其被分成了"美观"与"性差"两个词，而在通常情况下我们想要的结果是"美观性"与"差"，这时就需要用到增加词典的功能。

```
import Jieba
seg_data = "这个产品的服务还可以，但产品可靠性和界面美观性差，没有什么新意"
jieba.add_word("美观性")
print("增加词典结果:" +"/".join(jieba.lcut(seg_data)))
```

执行上述代码的结果如图 2.4 所示。

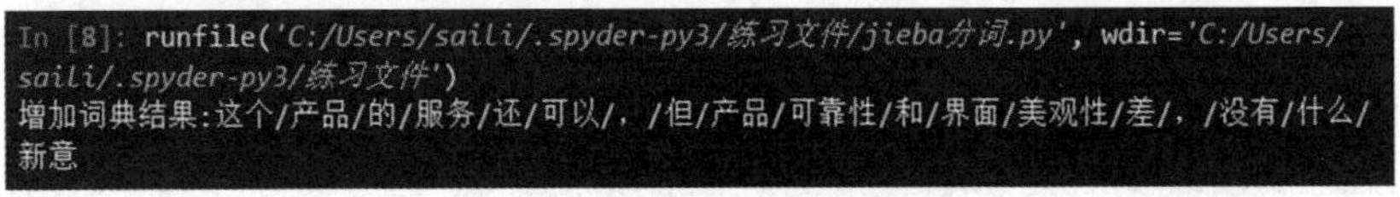

```
In [8]: runfile('C:/Users/saili/.spyder-py3/练习文件/jieba分词.py', wdir='C:/Users/
saili/.spyder-py3/练习文件')
增加词典结果:这个/产品/的/服务/还/可以/，/但/产品/可靠性/和/界面/美观性/差/，/没有/什么/
新意
```

图 2.4 增加词典后的分词结果

增加了长词之后，后续的分词结果都会以长词作为最小分词成分。如果想把长词拆解成更小的单元，则需要删除长词；有时如果在分词结果中

存在我们不想组合在一起的词，如"性差"，同样可以通过删除词典的方法实现：

```
import Jieba
seg_data = "这个产品的服务还可以，但产品可靠性和界面美观性差，没有什么新意"
jieba.del_word("性差")
print("删除词典结果:" +"/".join(jieba.lcut(seg_data)))
```

执行上述代码的结果如图 2.5 所示。

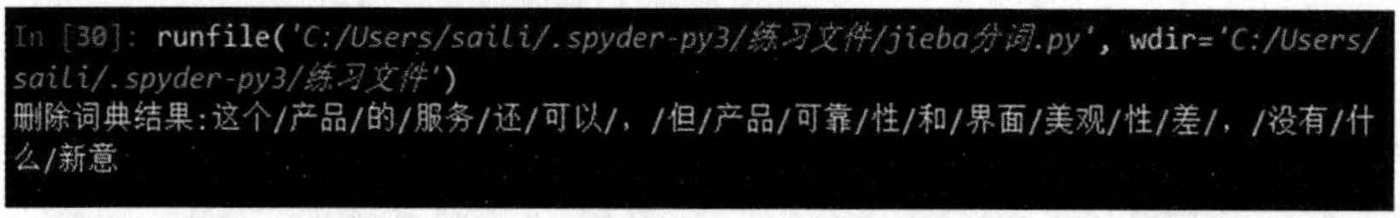

```
In [30]: runfile('C:/Users/saili/.spyder-py3/练习文件/jieba分词.py', wdir='C:/Users/
saili/.spyder-py3/练习文件')
删除词典结果:这个/产品/的/服务/还/可以/，/但/产品/可靠/性/和/界面/美观/性/差/，/没有/什
么/新意
```

图 2.5　删除词典后的分词结果

当然，如果单独删除词典或增加词典都不符合我们的预期，比如，在上述结果中"美观性"这个词作为一项设计属性需要组合在一起使用，分词时却将其拆分，这时就可以同时使用删除词典或增加词典达到目的。

```
import Jieba
seg_data = "这个产品的服务还可以，但产品可靠性和界面美观性差，没有什么新意"
jieba.del_word("性差")
jieba.add_word("美观性")
jieba.add_word("可靠性")
print("同时增加词典和删除词典结果:" +"/".join(jieba.lcut(seg_data)))
```

执行上述代码的结果如图 2.6 所示。

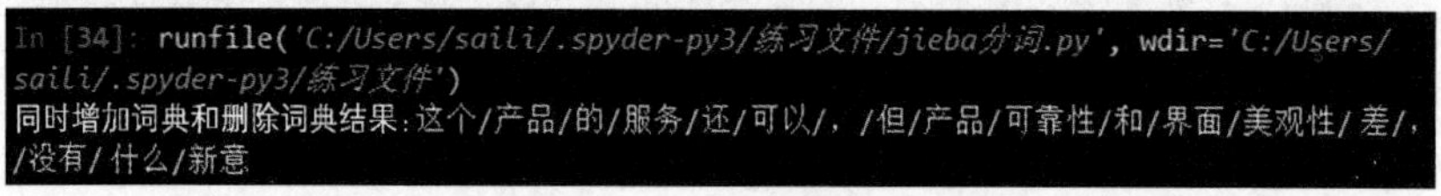

```
In [34]: runfile('C:/Users/saili/.spyder-py3/练习文件/jieba分词.py', wdir='C:/Users/
saili/.spyder-py3/练习文件')
同时增加词典和删除词典结果:这个/产品/的/服务/还/可以/，/但/产品/可靠性/和/界面/美观性/ 差/
/没有/什么/新意
```

图 2.6　同时增加词典和删除词典后的分词结果

第 2 步：文本分析

（1）词性分析：词性是定义不同类型需求的重要依据，例如，功能点

的需求以名词为主，可用性相关的需求以动词和形容词为主。Jieba 分词中提供了词性标注功能，可以标注分词后每个词的词性，词性标注集采用北京大学计算机研究所词性标注集。

```
import jieba.posseg as psg
text = "这个产品的服务还可以，但产品可靠性和界面美观性差，没有什么新意"
#词性标注
seg = psg.cut(text)
#将词性标注结果打印出来
for ele in seg:
    print(ele)
```

执行上述代码的结果如图 2.7 所示。

图 2.7　词性分析结果

词性标签对照如表 2.1 所示。

表 2.1　词性标签对照

标签	中文含义	备注
Ag	形语素	形容词性语素。形容词代码为 a，语素代码 g 前面置以 A
a	形容词	取形容词英文单词 adjective 的第 1 个字母
ad	副形词	直接作为状语的形容词。形容词代码 a 和副词代码 d 并在一起
an	名形词	具有名词功能的形容词。形容词代码 a 和名词代码 n 并在一起
b	区别词	取汉字"别"的声母
c	连词	取连词英文单词 conjunction 的第 1 个字母
d	副词	取副词英文单词 adverb 的第 2 个字母，因第 1 个字母已用于形容词

标签	中文含义	备注
Dg	副语素	副词性语素。副词代码为 d，语素代码 g 前面置以 D
e	叹词	取叹词英文单词 exclamation 的第 1 个字母
f	方位词	取汉字"方"的声母
g	语素	绝大多数语素都能作为合成词的"词根"，取汉字"根"的声母
h	前接成分	取前部英文单词 head 的第 1 个字母
i	成语	取成语英文单词 idiom 的第 1 个字母
j	简称略语	取汉字"简"的声母
k	后接成分	取后部英文单词 back 的最后一个字母
LOC	地名	取地名英文单词 location 的前 3 个字母
l	习用语	习用语尚未成为成语，有点"临时性"，取汉字"临"的声母
m	数词	取数词英文单词 numeral 的第 3 个字母，n、u 已有他用
n	名词	取名词英文单词 noun 的第 1 个字母
nd	方位名词	国家语料库
Ng	名语素	名词性语素。名词代码为 n，语素代码 g 前面置以 N
nhf	姓	
nhs	名	
nr	姓名	名词代码 n 和汉字"人"的声母并在一起
ns	地名	名词代码 n 和处所词代码 s 并在一起
nt	机构团体	"团"的声母为 t，名词代码 n 和 t 并在一起
nz	其他专用名词	"专"的声母的第 1 个字母为 z，名词代码 n 和 z 并在一起
o	拟声词	取拟声词英文单词 onomatopoeia 的第 1 个字母
ORG	机构名	
p	介词	取介词英文单词 prepositional 的第 1 个字母
q	量词	取量词英文单词 quantity 的第 1 个字母
r	代词	取代词英文单词 pronoun 的第 2 个字母，因 p 已用于介词
s	处所词	取处所英文单词 space 的第 1 个字母
t	时间词	取时间英文单词 time 的第 1 个字母
Tg	时语素	时间词性语素。时间词代码为 t，在语素的代码 g 前面置以 T
u	助词	取助词英文单词 auxiliary 的第 2 个字母，因 a 已用于形容词
un	未知词	不可识别词及用户自定义词组。取未知英文单词 unkonwn 前两个字母（非北京大学计算机研究所词性标注集中标准，CSW 分词中定义）
v	普通动词	取动词英文单词 verb 的第 1 个字母

续表

标签	中文含义	备注
vd	副动词 （趋向动词）	直接作为状语的动词。动词代码 v 和副词代码 d 并在一起
vl	联系动词	
Vg	动语素	动词性语素。动词代码为 v，在语素的代码 g 前面置以 V
vn	名动词	具有名词功能的动词，动词代码 v 和名词代码 n 并在一起
vu	能愿动词/ 助动词	
w	标点符号	
ws	非汉字符串	
wu	其他未知符号	
x	非语素字	非语素字只是一个符号，x 通常用于代表未知数、未知符号
xc	其他虚词	
y	语气词	取汉字"语"的声母
z	状态词	取汉字"状"的声母的第 1 个字母

（2）关键特征词提取：在进行文本分析时，可以通过分析关键特征词来提取文本中的信息，这时可以用 jieba.analyse.extract_tags(text, topK = n, withWeight = True, allowPOS = ())。其中，text 为待提取的文本；topK 指返回几个 TF/IDF 权重最大的关键特征词，默认值为 20；withWeight 表示是否一并返回关键特征词权重，默认值为 False；allowPOS 表示仅包括指定词性的词，默认值为空，即不进行筛选。

```
import Jieba
import jieba.analyse
text = "这个产品的服务还可以，但产品可靠性和界面美观性差，没有什么新意，
我喜欢有新意有创意的产品"
keywords = jieba.analyse.extract_tags(text, topK=20, withWeight=True, allowPOS=
('n','nr','ns','v'))
for item in keywords:
    print(item[0],item[1])
```

执行上述代码的结果如图 2.8 所示。

```
新意  1.896367408836
产品  1.367056766589
界面  0.874162235276
创意  0.84801426527
可靠性 0.8220505042959999
喜欢  0.570258840302
没有  0.31128235651499997
```

图 2.8　关键特征词提取结果

3）外部资料桌面研究：学术文献分析桌面研究

公开发表的学术文献通常具有一定的学术价值，在一定程度上反映了用户需求分析的前沿问题，因此可以作为需求分析的数据来源。

在分析学术文献时，可以根据产品垂直领域和关注的用户需求类别，利用关键特征词有针对性地查询相关的学术文献，并以人工的形式从中提取相关的信息；还可以借助一定的分析工具进行分析，比如，利用 CiteSpace 可以将相关的学术文献从时间趋势（见图 2.9）、凸显的关键特征词（见图 2.10）和关键特征词聚类（见图 2.11）等角度进行分析并可视化。

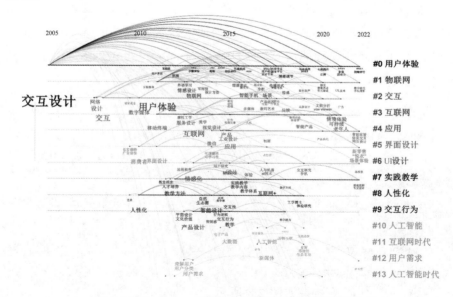

图 2.9　CiteSpace 中的学术文献时间趋势分析结果

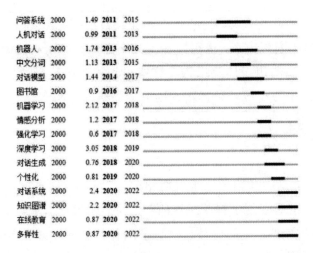

图 2.10　CiteSpace 中的关键特征词在时间线上的凸显词图结果

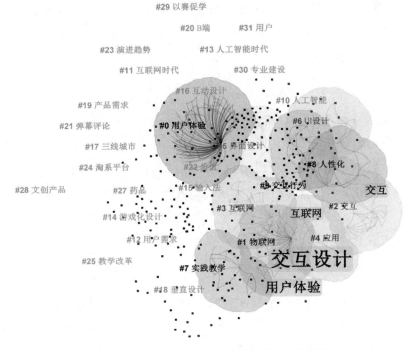

图 2.11　CiteSpace 中的关键特征词聚类分析结果

4）外部资料桌面研究：政府和行业协会公开发布的报告与数据桌面研究

政府和行业协会通常会发布一些能反映整个社会和某个市场细分领

域需求的报告和在线数据。这些报告和在线数据可能涉及社会、金融、经济、技术趋势等宏观需求，也可能涉及某个具体行业用户的微观需求，甚至包括某类产品的用户体验报告。这些报告和在线数据如果可以公开获取，则可以采用与在线开源资料相同的桌面研究方法。

2. 用户研究法

用户研究法是通过直接接触用户，获得用户需求一手数据的收集方法。与桌面研究法中使用的二手资料相比，用户研究法可以根据产品特点和设计需要，主动收集更有针对性的、定制化的用户需求数据。另外，如果用户是基于前期定义的典型人物特征进行招募的，那么收集到的用户需求会更贴近真实的目标用户的需求。

用户研究法种类众多，可以分为定性方法与定量方法、形成性方法与总结性方法、主观方法与客观方法等。本书从用户需求分析角度，主要介绍访谈法、现场研究法和问卷调查法。

1）用户研究法的步骤

与桌面研究法不同，用户研究法中设计者对能收集什么数据及收集数据的质量有更大的自主权。但是，这种自主权也意味着需要投入额外的资源来获取想要的、与用户需求相关的数据。能否按照各用户研究法中的具体特点遵循一定的步骤进行数据收集是用户研究法成败的重要因素。尽管不同的用户研究法在具体步骤上会有所差异，但总体来说一个高质量的用户研究法应包括如下关键环节。

（1）制订研究计划与方案。

一项用户研究往往会涉及研究目标和内容、计划采用的方法、可利用的人力资源、可使用的财务资源、时间周期等限制性条件。这些条件使得多数用户研究法都以项目的形式展开，有始有终，有输入有输出，有关键里程碑和交付物。因此，制订研究计划并按照研究计划执行或调整，是通过用户研究法收集用户需求的第 1 步。

研究计划主要包括如下内容。

①研究目标是什么。就是为什么要做用户研究。制订研究计划时需要思考，希望通过用户研究解决的具体核心问题是什么，如挖掘现有同类产品存在的痛点、用户对某种设计风格的喜好、用户对新产品的期望等。研究目标还可以分为直接目标和间接目标。直接目标是与研究内容直接相关的目标，是公开的、明确的；间接目标是隐含在用户研究背后的目标，比如，通过用户研究让公众理解某个企业组织非常关注用户的体验和需求，这时用户研究承载了公众沟通与品牌建设的目标和使命。例如，某些手机产品提供商通过"粉丝"试用收集反馈，并与用户互动，获得了一批忠实用户的支持。间接目标还可以对内起到沟通有无、达成共识和获得其他利益相关方支持的作用，其他利益相关方参与了用户研究之后，就能理解为什么要这样设计，以及某个设计方案背后是否有可靠的数据支撑。用户研究还可以起到向上管理和决策支持的作用，在用户研究之前了解管理层对于产品存在的困惑，可以将这些困惑纳入研究目标和研究内容中，在决策时才能够提供依据。研究目标是否达成也是项目完成后评估用户研究是否成功的重要依据。

②研究内容是什么。是指要研究什么。研究内容是达到研究目标的基石，没有与研究目标对应的研究内容，研究目标就是空中楼阁。用户研究需要针对每个具体研究目标从研究内容上给予支撑。比如，当研究目标是了解现有产品存在什么使用痛点时，研究内容就需要包括与使用痛点相关的内容。

③研究方法是什么。研究方法是达成研究目标的手段，也是完成研究内容的实施方案。在制订研究计划时，需要结合研究目标、研究内容、时间限制、财务资源和研究人员的能力来选择合适的研究方法。

④研究日程是什么。研究需要在什么时间启动、什么时间完成，有哪些关键的阶段性时间节点或里程碑，以及在各关键的阶段性时间节点需要什么输入和交付物。研究日程可以采用甘特图等形式来制作。

⑤预算有多少。预算决定了研究方法、用户数量和人员安排等。

⑥参与人员是谁，参与的角色和职责是什么。参与人员可以是内部用

户研究专业人员或外部人员。安排参与人员时除了考虑参与人员的工作负荷，重要的是根据研究方法选择有适合的专业背景的人员参与。在通常情况下，一个用户研究项目需要项目管理与协调、方案撰写、用户招募、研究执行、数据分析、报告撰写、结果沟通与宣贯等不同角色，这些角色虽然理论上可以由一个人独立承担，但一个研究项目至少有 2 个人参与才可以更好地保证研究项目的完美执行。

⑦需要什么样的软硬件条件。用户研究通常需要一定的软硬件条件作为基础。比如，访谈需要访谈记录和编码工具；问卷调查需要纸质问卷或线上调查平台；可用性测试需要测试原型或产品、测试任务、测试过程记录设备，有时甚至需要在一个专业的可用性实验室进行。

⑧利益相关方的参与计划和参与方式。前文多次提出邀请利益相关方参与用户研究有众多益处，如果有这样的参与计划，就需要在研究计划制订阶段将利益相关方的参与方式、参与阶段和参与时间等规划好。

⑨研究结果的沟通与计划落地。用户研究不仅涉及收集用户需求这类过程性活动，而且需要包含将研究结果变成产品或服务的相关落地性活动。用户研究结果能否在设计活动中成为设计需求的来源和依据，需要与设计、产品规划、技术开发等团队做好沟通，将设计结果变为相关岗位人员的参照甚至规范性要求。因此，在制订研究计划时需要事先思考如何收集数据、收集数据后如何分析和呈现，以及用什么样的表达方式和形式更能让利益相关方接受等。

（2）准备研究脚本。

任何用户研究方法都需要通过研究脚本来实现。研究脚本是研究内容和研究方法的具体体现及可操作的手册。在通常情况下，用户研究脚本的主要内容涉及如何从用户角度收集所需要的数据，因此需要从用户角度定义用户要回答的问题或者要完成的任务。在一些生态效度更高的方法中，研究是在尽量不干扰用户，甚至不事先告知用户研究目的的情况下进行的，这时研究脚本就要侧重于如何从用户的行为、动作、表情等方面收集和记录所需数据。在访谈中，研究脚本就是访谈提纲；在问卷调查中，研究脚本就是问卷中要给用户呈现的信息及要问的问题；在观察法和现场研究法中，研究脚本就是记录表；在可用性测试中，研究脚本就是测试任务，以及测试任务实施前、后的问题表。

（3）准备研究设备与材料。

如果用户研究涉及一些专用的设备或场地，则需要事先协调准备。设备需要事先调试，场地需要事先整理，以满足研究条件。

（4）用户招募。

目标用户的有效参与是用户研究的核心因素之一。用户招募的条件可参照典型人物中定义的典型人物特征。用户招募的方式可以根据资源条件求助专业的公司，也可以自己招募。如果是在线调查，问卷星、腾讯等公司都拥有大量的用户资源。用户招募的样本数量由 4 个因素决定。

①样本所处的总体的数量（Population Size）。以普通用户为目标用户的产品，其目标用户的总体通常是一个非常庞大的数字，要调查所有的目标用户仅存在理论上的可能性。例如，某款信息交互产品的目标用户是 18～35 岁的中文用户群体，虽然这个群体的数量是有限的，但因为空间、财力、时间等因素，在有限的时间内调查所有的 18～35 岁的中文用户群体几乎是不可能的。在实际调查中，通常会从目标用户总体中抽取一定数量的用户作为样本，并基于样本的调查结果来推论总体情况，这时只要样本量小于目标用户的总体数量，得出的结论就会存在一定的误差。在其他条件相同的前提下，样本量越大，基于样本得出的结论越接近总体情况。在一些特殊情况下，目标用户的总体数量是可知的，如面向高净值人士的公务飞机用户。在多数情况下，研究项目不仅无法调查所有目标用户的总体，而且无法知道其具体数量。因此，在计算调查所需要的样本量时，总体数量会以未知为前提，或者使用一个估计值。

②置信水平（Confidence Level，CL）。置信水平是指，基于样本获得的调查结果在推论总体情况时，总体情况处于某个区间范围（置信区间）内，或者不处于某个区间范围（抽样误差）内的概率。在其他条件相同的前提下，置信水平越高，置信区间越大，对总体情况的推论越不精确。用户研究通常会选择 95%的置信水平或 5%的抽样误差。

③抽样误差（Margin of Error，ME）。如前所述，只要调查的对象不是总体而是样本，基于样本得出的结论就会存在一定程度的误差。误差范围可以在调查前事先选择，即基于样本获得的调查结果推论总体情况时，总体情况在选择的置信水平下处于什么样的范围。当置信水平为 5%时，总体情况有 95%的概率处于某个区间；相应地，还有 1 – 95% = 5%的概率处于某个区间之外，这就是因抽样导致的误差，或者无法被某置信水平下的置信区间解释的情况。

④标准差（Standard Deviation，SD）或置信区间（Confidence Interval，CI）。标准差是用户数据分布的离散趋势指标，但在完成用户数据收集之前无法计算标准差。在这种情况下，可假设数据分布符合标准正态分布，选择在某个置信水平下对应的置信区间作为标准差。

在确定了上述参数后，可计算用户研究所需要的样本量，即

$$样本量 = \dfrac{\dfrac{z^2 \times p(1-p)}{e^2}}{1+\left(\dfrac{z^2 \times p(1-p)}{e^2 \times N}\right)}$$

式中，z 为不同置信水平对应的标准差，如表 2.2 所示；e 为抽样误差；N 为用户总体的数量；p 为置信水平。

表 2.2　不同置信水平对应的标准差

置信水平	标准差
80%	1.28
85%	1.44
90%	1.65
95%	1.96
99%	2.58

另外，z 值可以使用 Excel 中的函数 NORM.S.INV(probability)求得。

（5）预研究。

在很多情况下，开始收集数据前有一些问题无法确定，比如，问卷中

如何问某个问题用户更容易理解，可用性测试中任务难度设置是否合理，等等。这时可以采用预研究的方式来收集少量的数据进行初步分析，并根据结果调整研究方案。

（6）研究执行。

通过前面的准备，已经进入"万事俱备，只欠东风"来执行的阶段。研究执行的方式因采用的方法而异，但整体来说涉及准备、招待用户、开展研究、记录数据、致谢与提供报酬、整理数据和复盘等。研究执行时如果有利益相关方参与，还需要协调利益相关方如何以一种合适的方式参与其中。

（7）数据整理与分析。

采用适当的数据整理与分析方法可以帮助研究者和设计者发现用户需求的特征和模式。采用结构性问卷调查法和基于可用性测试的任务绩效评估法等结构性较强的方法获取的定量数据，仅需要进行简单的汇总即可直接采用统计分析方法对其进行分析挖掘；但访谈法、观察法等获取的数据结构通常较松散，需要进行一定的整理与编码后才能使用。不同数据的具体分析方法将在 2.4 节中说明。

（8）报告撰写。

完成用户数据收集后，需要对数据体现的趋势及对用户需求分析的价值进行解读，并给出一定的结论。一份用户研究报告包括：①对研究目的、研究内容、研究方法等基本信息的说明；②主要的研究发现和结论，以及支持这些研究发现和结论的数据；③对于设计需求定义的结论和建议；④对于如何落实研究结果的后续行动说明等。

（9）需求落地。

完成需求收集后，需要推动需求在设计、产品定义、开发、测试、市场宣传、运营等职能环节落地。用户需求的落地可能由产品经理和质量保证等岗位的专业人员推动，这时就需要协作平台和落地形式。因此，用户需求分析人员在这个阶段需要根据需求落地目标对需求分析结果进行再改造，将用户需求转化成产品功能和规格参数、测试要求和用例、设计规范等形式。

2）访谈法

访谈法（Interview）是用户研究法中一种常用的小样本定性研究方法。在采用访谈法时，用户研究人员向用户询问与研究目标和研究内容相关的问题，以获取用户对这些问题的看法和回答。借助访谈法，用户研究人员可以深入了解用户对产品或服务的感受、喜好、体验等。例如，哪些设计、功能或内容令人难忘，哪些内容很重要，可能有哪些改进想法或建议。

访谈法通常应用于产品生命周期的早期，这时设计者对于产品需求处于模糊阶段，可以通过访谈法来开放性地收集用户对产品的可能需求。访谈法是收集用户需求的一种快速、简便的方法。访谈还可以在设计之前，结合人物角色、旅程地图、设计创意等一起进行。

从访谈内容来看，访谈可分为开放性访谈与封闭性访谈、结构性访谈与非结构性访谈。在用户需求分析的早期阶段，通常会采用开放性访谈和非结构性访谈的方法，以最大限度地收集可能的需求点。

访谈法的整体步骤与前面介绍的用户研究法的步骤一致，但在访谈法中有如下问题需要注意。

（1）让用户感觉尽可能舒适，与用户建立融洽的关系。

如果被访谈的用户（被访谈者）处于一种友好、轻松的氛围中，他就会更信任访谈者，从而敞开心扉、畅所欲言，这样就能收集到更多的真实信息。为了达到这个目的，访谈者需要：①提前与被访谈者建立联系，形成初步的信任；②访谈可以在一个相对轻松的环境中进行，如果不涉及过多的保密和隐私内容，可以选择户外、咖啡厅等场所，不一定局限在专业的访谈室；③公开透明，访谈前向被访谈者做自我介绍，解释访谈目的和访谈内容将被如何使用等，在必要时为用户提供研究伦理与隐私保证书；④多数用户研究关注的是用户对产品或服务的观点，而不是用户自身，因此在访谈中要向用户强调访谈内容不会被用于评价用户，而是被用于分析产品；⑤通过做笔记、点头、频繁的眼神交流等向用户表明你对他的观点很感兴趣，让用户感到被倾听、被尊重；⑥除非用户过于健谈，在一个问题上赘述过多，严重影响了访谈者的研究进度，否则尽可能让用户完成他们的谈话而不打断；⑦减少引导性问题，如"你如何看待传统的界面风格"，因为"传统"这个词就有可能带有一定落后、保守的引导性价值判断；⑧尽量问开放性问题，问"你喜欢什么样的设计"要比问"你喜欢京东还是淘宝的设计"能收集到更具有开放性的答案；⑨使用用户的语言，减少专业术语，比如，问"你喜欢什么样的信息架构"，会让不熟悉交互设计的用户疑惑；⑩除非遇到违背社会伦理与法律的情况，否则要尊重用户的回答，减少与用户的争执和辩论，让用户畅所欲言。

（2）访谈数据的整理与分析。

访谈数据主要是以文本的方式体现的，而且很多用户需求的问题都是观点、看法或期望，而不是具体的选择项或量化的数字。这类数据具有结构性稀疏的特点，不进行整理与分析难以形成对用户需求的系统化、结构化理解和判断。对于这类数据，除了可以用之前介绍的文本挖掘方法进行关键词切分、提取，获得用户关注的产品功能点、体验等，还可以用文本关联的方法，分析不同关键词的关联度，进而分析用户目前的观点或体验方面的痛点是否是由某些特定因素导致的。

3）现场研究法

现场研究（Field Study）法是在用户的真实生活场景中，而不是在实验室或专门的研究场所开展的一系列分析用户需求方法的总称。常见的现场研究法包括观察法（Observation）、情境探询法（Context Inquiry）、人种学方法（Ethnographic Research）等。

现场研究法适用的场景包括：

①目标用户还不够清晰；

②用户平常如何使用产品，或者产品的使用场景不清楚；

③基于访谈法和问卷调查法等主观研究方法得到的结论存在矛盾的地方，需要使用更客观的行为数据来验证；

④不适合在实验室或非现场了解的情况。

现场研究法特有的注意点如下。

（1）研究地点的选择至关重要。

选择合适的"现场"地点是使用现场研究法获得目标数据的重要条件。现场环境及其中的人和物，是用户的特定行为和态度的诱发物。比如，你想了解用户对通勤过程中在线学习的痛点和需求，就需要在真实的通勤现场来观察用户的行为或询问他们的体验和期望。影响这些用户在线学习体验的因素包括通勤方式及通勤过程中周围人的多少、噪声和光线等物理环境条件。

（2）数据收集方法。

与访谈法和基于实验室的研究方法相比，现场研究法可以获取用户更真实的行为和态度。当研究侧重于获取用户最真实的数据时，数据收集方法可以选择不干预用户的高生态效度方法，如只观察不打断；但当研究侧重于分析行为态度和背后的原因时，可以选择情境探询法这类边观察边询问的方法。

（3）数据的解读。

现场研究法获得的用户需求相关的行为和态度数据与现场环境息息相关，在分析与解读数据时需要留意结论的可推广性问题。

4）问卷调查法

问卷调查（Questionnaire Survey）法是通过书面或电子形式，针对事先定义的问题或测量项目，通常以量化的形式收集和评估用户需求数据的一种方法。

问卷调查法可能是最常用的一种分析用户需求的方法。但问卷调查法也有其局限性，其更适合对用户需求有假设的选项的情况，可以验证选项或者评估选项重要性的场景；不太适合需要开放性地收集用户潜在需求的场景。

（1）问卷结构。

一个问卷通常包括如下几个部分。

①题目：用少量文字描述主要调查内容，如"在线购物网站需求问卷"。

②问卷回答说明：解释问卷目的、问卷主要内容、问卷长度、用户回答时需要注意的问题、数据的使用方式、保密方式等。

③问题：将问卷调查的主要内容以问题的形式呈现给用户，有的问题之间如果有逻辑关系，还需要设置逻辑跳转关系。

④结束语与感谢。

（2）问卷形式。

根据问题的结构，问卷可以分为如下形式。

①结构化问卷：限定回答项目，包括选择题（有固定选项）、评分题（Likert 量表和打分）、排序题等。

②非结构化问卷：不限定回答项目，以填空方式回答。

③半结构化问卷：同时包含选择题（有固定选项）和填空题。

（3）问题类型。

问题包括填空题、单项选择题、多项选择题、评分题、排序题、权重题等。

（4）问题性质。

①已经发生的事实性问题：人口统计学问题，包括性别、年龄、收入、教育程度、地域；已发生的行为，如使用频率、时间；事件，如是否关注了"双 11"的营销活动；经验，如使用在线短视频业务的年限等。

②态度、意见和喜好：是否同意某个观点，是否喜欢某款产品。

③假设性问题与期望问题：卡诺分类法中提供/不提供某项功能时用户的满意度就属于假设性问题。

（5）问题设计的步骤。

①确定要通过问卷收集的信息；

②确定要回答问卷的目标人群；

③选择招募用户的方法：咨询公司、滚雪球法；

④确定问题内容；

⑤确定问题措辞；

⑥确定答案收集的形式，如文本、称名、顺序、等距、等比；

⑦采用有意义的顺序和格式来组织问题；

⑧确定问卷的问题数量和长度；

⑨问卷的预测试；

⑩问卷调查的方式，包括面对面、在线、事后、事前等。

（6）影响问卷效果的因素。

①问卷自身：题目表述清晰度、问卷内容的代表性（单项目、多项目）等；

②测试过程：测试环境、施测者、意外干扰、主要影响因素、评分计分方式等；

③受测者：应试动机、问卷焦虑、经验、练习效应、反应倾向、生理因素（疲劳等）。

（7）测谎题。

问卷调查法是一种主观研究方法。为了甄别用户回答的真实性，尤其是可以在在线测试中设置测谎题来甄别未认真回答或提供虚假信息的用户。测谎题包括如下类型。

①复本反向题：原题，如"我认为这种设计风格符合我"；复本反向题，如"我认为这种设计风格不符合我"。

②常识题：如"我国的首都是北京"。

③态度判断题：如"我的回答是真实的"。

5）方法的选择与用户需求收集的角度

福特汽车创始人 Henry Ford 对用户需求收集提出过疑问，"如果我问人们他们想要什么，他们会说更快的马。"而苹果公司创始人 Steve Jobs 对具体的方法提出过疑问，"采用焦点小组的方法来设计产品是很难的。

在很多情况下，在你给人们看之前他们并不知道自己想要什么。"由此可见，选择什么样的方法，以及从什么角度收集用户需求至关重要。

基于双钻模型我们知道，"马"是在设计创意阶段才考虑的设计解决方案问题，而用户需求分析是共情阶段关注的问题（见图 2.12）。如果在用户需求分析阶段的早期就收集有关解决方案问题，会过早将解决方案限定在用户需求收集阶段设定的范围内，不利于在后续的创意发散阶段形成尽可能多的解决方案。

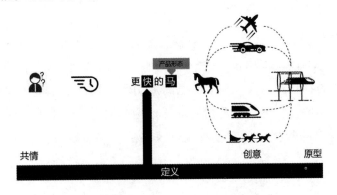

图 2.12　用户需求收集的角度示例

因此，在共情阶段的用户需求收集可以侧重于"快"这类体验类问题，并从解决体验类问题出发，发散设计解决方案。在用户需求收集阶段，用户针对产品设计解决方案提出的"建议"，可以先"放在箱底"，等到创意发散阶段再提取出来，作为设计创意解决方案的一部分使用。

2.4　数据分析方法

2.4.1　数据及数据类型

狭义上的数据通常是指用数字描述的对象信息。在设计领域，数据描述的对象可以是设计参数，如设计元素的尺寸大小、颜色 RGB 值等，也可以是设计服务的对象，即用户参数，如用户的年龄、收入等人口统计学特征，以及用户对于设计的感受、喜好、体验等数据。

在可计算时代，数据的范畴扩展到一切可用计算机处理的信息，包括数字、文本、图像等。

根据不同的标准，数据可以分成不同的类型。

1. 客观数据与主观数据

根据数据描述的对象属性，数据可分为客观数据与主观数据。客观数据通常是指事实性的数据，这类数据不因人的喜好和测量者的偏好而改变，如物体的物理属性（音量、颜色的 RGB 值等）、人体的生理指标（心率、血糖值等）。主观数据是指用于描述用户对某个对象的观点、喜好、态度、体验等的数据，如对某种设计风格的喜好度等。

2. 定性数据与定量数据

根据记录数据的方法，数据可分为定性数据与定量数据。定性数据是指按照某种属性来描述对象，如好坏、高矮、轻重、大小、美丑等，定性数据具有一定的模糊性，不适用于精确地描述对象。定量数据是指用一定的数量或数值来描述对象，如身高、用户数量、7 点量表上对某款产品的喜好度等。

3. 计数数据与测量数据

根据数据的获取方法，数据可分为计数数据与测量数据。计数数据通常不需要借助测量工具，是通过人工统计就能获取的数据，如人数。测量数据则是需要借助一定的测量工具才能获取的准确数据，如身高、体重、美观度等。

数据分析方法会因数据类型不同而不同，后文的数据分析方法主要从定性数据和定量数据两个角度说明。

2.4.2　定性数据的分析方法

以用户评论为代表的文本数据为用户需求分析提供了有价值的信息。文本中的情感信息是判断用户体验积极或消极的重要线索,而文本中关键特征词的出现频率是判断用户与产品交互时的关注点的重要线索。此外,体验与物体对象或行为的关联性也是分析体验背后原因的依据。因此,尽管文本数据看似庞杂松散、难以分析,但借助一些方法依然可以从中挖掘出非常有价值的信息,为用户需求定义提供依据。

1. 使用计算进行自动化分析

当数据量比较大时,可以借助一些计算机的自动化分析方法对文本数据进行分析。在需求分析阶段,访谈法、焦点小组、大声思维等会产生大量的文本数据,这时可以借助计算机的自动化分析方法对数据进行初步分析。目前,计算机的自动化分析方法在关键特征词提取、情感判断、关键特征词关联度等方面已经比较成熟。

下面的 Python 语句使用文本关联规则分析了文本关键特征词的关联性。

```
from mlxtend.preprocessing import TransactionEncoder
import Jieba
import jieba.analyse
import pandas as pd
str1="这款充电式宠物剪,非常好用"
str2="充电式宠物剪,也很好用。"
str3="充电式,发货很快,很好用"
str4="虽然新手第一次操作好用"
jieba.add_word("好用")
jieba.del_word(", ")
res1=jieba.lcut(str1)
res2=jieba.lcut(str2)
```

```
res3=jieba.lcut(str3)
res4=jieba.lcut(str4)
print(res1)
print(res2)
print(res3)
print(res4)
item_list = [res1, res2, res3, res4,]
item_df = pd.DataFrame(item_list)
te = TransactionEncoder( )
df_tf = te.fit_transform(item_list)
df = pd.DataFrame(df_tf,columns=te.columns_)
from mlxtend.frequent_patterns import apriori
# use_colnames=True 表示使用元素字字，默认 False 表示使用列名代表元素，设
置最小支持度 min_support
frequent_itemsets = apriori(df, min_support=0.001, use_colnames=True)
frequent_itemsets.sort_values(by='support', ascending=False, inplace=True)
# 选择 2 频繁项集
print(frequent_itemsets[frequent_itemsets.itemsets.apply(lambda x: len(x)
    == 2])
from mlxtend.frequent_patterns import association_rules
# metric 可以有很多度量选项，返回的表列名都可以作为参数
association_rule =
association_rules(frequent_itemsets,metric='confidence',min_threshold=0.001)
#关联规则可以提升度排序
association_rule.sort_values(by='lift',ascending=False,inplace=True)
association_rule
```

分析结果如图 2.13 所示。

由此可见，用户在表达好用的观点时，"充电式"是一个非常重要的关联词，也就是说"充电式"是与用户对宠物剪使用体验密切相关的一个特征，从中可以判断"充电式"是宠物剪的一个重要需求点。

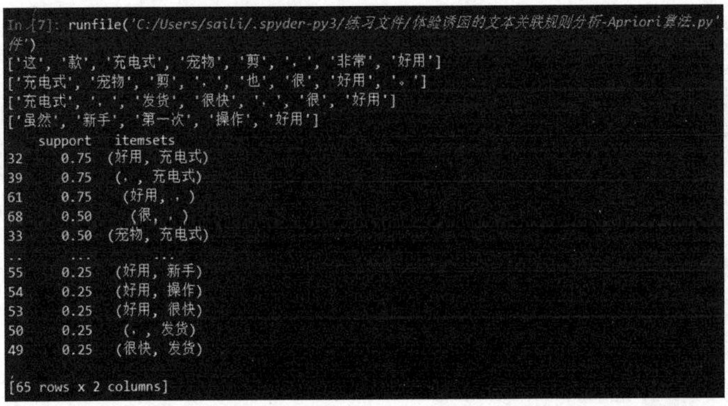

图 2.13 基于文本关联规则分析得到的文本关键特征词

下面是 Python 中 SnowNLP 库分析文本中的情感信息的代码示例。

```
from snownlp import SnowNLP
text1='我太喜欢今年推出的国潮风的界面了，很有过年的味道，爱了爱了'
text2='这个兔子画风很诡异，像一只老鼠，蓝色不是我们春节的传统用色'
s1=SnowNLP(text1)
s2=SnowNLP(text2)
print("(我太喜欢今年...:" + str(s1.sentiments))
print("(这个兔子画风...:" + str(s2.sentiments))
```

上述代码的执行结果如图 2.14 所示。

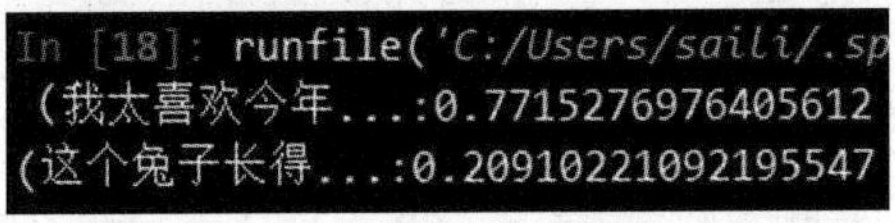

图 2.14 文本中情感信息分析结果

SnowNLP 的情感评分值范围为[0,1]，越接近 1 情感评分越积极，越接近 0 情感评分越消极。

结合文本关联分析，可以分析不同的文本数据与积极情感和消极情感相关的原因。

2. 主题分析法

除采用计算机进行分析外，还可以手动进行分析。文本数据的手动分析法有主题分析法（Thematic Analysis）和扎根理论法（Grounded Theory）等。

主题分析法是一种定性数据的分析方法，分析人员通过阅读数据集（如深度访谈或大声思维中的自我报告、焦点小组），识别数据中隐藏的模式，从而得出与用户需求相关的主题，即用户需求涉及哪些方面。当需要从非结构化的文本数据中识别可能的模式，但又对定性数据的分析方法不熟悉时，可以选择主题分析法。

主题分析法包括如下步骤。

1）第 1 阶段：熟悉数据

熟悉数据是主题分析法的前提。在分析数据前需要深入数据中，直到熟悉数据的深度和广度。通常需要多次重复阅读数据，并主动从中寻找数据背后的意义和模式。

2）第 2 阶段：生成初始数据编码

分析人员在阅读并熟悉数据，并且对数据中的内容及其有趣之处有了初步想法后，就可以开始数据编码了。这个阶段的数据编码主要从数据中生成初始数据编码。数据编码表征了数据中与用户需求相关的特征信息，如价格高、味道差等。

3）第 3 阶段：探寻主题

在第 2 阶段已经对数据做了初步数据编码和校对，分析人员已经对数据集形成了一个数据编码列表。接下来的分析重点是，将这些初始数据编码转化成与用户需求相关的主题，并将各数据编码归到各主题下。因此，第 3 阶段的重点是考虑如何整合不同的数据编码，形成一个更概括的主题。第 3 阶段也可以借助思维导图等可视化的方法。

4）第 4 阶段：审校主题

在准备好一系列候选主题后，就进入审校主题阶段。在这个阶段需要剔除那些并不是真的主题的候选主题，例如，没有足够的数据支持的主题，或者支持的数据差异比较大的主题。另外，有的主题可以合并或拆分。

5）第 5 阶段：主题命名与定义

截至目前，主题已经基本确定，这时可以对照分析的文本数据对主题进行命名与定义。虽然前面已经对主题进行了命名，但这个阶段需要思考每个主题本质上代表了什么。一个好的主题能恰到好处地表征数据内容。不能试图将所有数据用一个主题概括，也不能过于分散，偏离用户需求分析的主思路。这时可以通过分析主题之间的关系来判断是否存在重叠或毫无关联的情况。

2.4.3 定量数据的分析方法

以量化形式收集的用户需求数据是探索数据关系，以及进行权重和重要性评估等的重要依据。总体来说，定量数据的分析方法分为描述分析方法和推论分析方法两种。

1. 定量数据类型

从量化方式的不同进行分类，定量数据可分为称名数据（Nominal）、顺序数据（Ordinal）、等距数据（Interval）和等比数据（Ratio），如表 2.3 所示。

表 2.3 定量数据类型

定量数据类型	典型的设计度量数据
称名数据	用户体验问题分类、卡诺需求分类、是否完成、性别、区域
顺序数据	排序、学历
等距数据	日期、温度、评分（设定为负数有意义，设定为 0 无意义）
等比数据	完成时间、错误率（正确率）、年龄

不同的定量数据类型具有不同的特征，也决定了可使用的数据分析方法（见表 2.4）。

表2.4 不同定量数据类型的特征

定量数据类型	大小	方向	绝对零点	计数	加减	乘除
称名数据				☑		
顺序数据	☑			☑		
等距数据	☑	☑		☑	☑	
等比数据	☑	☑	☑	☑	☑	☑

2. 定量数据的整理

1）频数分布

频数分布主要针对一组数据在测量标尺上的分布情况，可以先将数据按照一定的组距分组，继而统计数据在各个分组区间内的分布情况，常用频数分布图和频数分布表来表示。

频数分布表的制作可采用如下步骤。

（1）求全距：$R = X_{max} - X_{min}$。

（2）确定组数：组数经验公式为 $K = 1.87 \times (N-1)^{\frac{2}{5}}$。其中，$N$ 为数据个数，当 $N \geq 100$ 时，K 可分为 10～20 组；当 $N < 100$ 时，K 可分为 7～9 组。

（3）确定组距：任意一组的起点和终点之间的距离。

（4）确定组限：每个组的起点值和终点值。

（5）分组区间。

（6）登记次数。

（7）计算次数。

表2.5提供了一组数据频数分布表的案例。

表2.5 一组完成任务时间的数据频数分布表

组限	频数	累加频数	累加比率
5752～6251	1	93	1.00
5252～5751	1	92	0.99

续表

组限	频数	累加频数	累加比率
4752~5251	1	91	0.98
4252~4751	1	90	0.97
3752~4251	1	89	0.96
3252~3751	1	88	0.95
2752~3251	5	83	0.89
2252~2751	4	78	0.84
1752~2251	10	74	0.80
1252~1751	17	64	0.69
752~1251	40	47	0.51
252~751	7	7	0.08

2）定量数据标准化

有的定量数据采用的测量标尺不一，比如，主观喜好度数据采用 5 点 Likert 量表的形式记录，而任务完成时间的单位是秒，要将这些数据归一化或进行比较，就需要统一标尺，常用的方法是标准化。

假设一个用户研究中用户对某款产品的主观喜好度是 4.6，任务完成时间是 20 秒，而用户对所有产品的平均主观喜好度是 4，平均任务完成时间是 25 秒，求用户对这款产品的主观喜好度与任务完成时间所反映的用户体验在所有产品中的水平。

因为主观喜好度和任务完成时间采用了不同的计分方式，无法直接比较，因此需要将其标准化后再分析。采用标准分数的计算方法分别计算主观喜好度（Preference）和任务完成时间（Time）的标准分，即

$$Z_{\text{Preference}} = \frac{X - \mu}{\sigma} = \frac{4.6 - 4}{1.5} = 0.4 \tag{2.1}$$

$$Z_{\text{Time}} = \frac{X - \mu}{\sigma} = \frac{20 - 25}{5} = -1 \tag{2.2}$$

因为任务完成时间和主观喜好度在积极情感与消极情感上的计分方向不同，因此需要统一，将任务完成时间负值取正，即任务完成时间越短

体验越积极。可以看出，任务完成时间的标准分为 1，而主观喜好度的标准分仅为 0.4，因此可以初步判断这款产品在任务完成时间方面的表现优于在主观喜好度方面的表现。当然，这个结论是基于所选样本得出的，能否推论到总体情况需要进行推论统计。

3）定量数据反向计分

在问卷调查法中经常会采用复本反向题的方式收集数据，在分析定量数据前需要将数据计分方向统一。例如，5 点 Likert 量表中采用 1～5 分计分方法的复本反向题，需要用 6 减去其原始分变成正向计分。还有一些情况，如任务完成时间与主观满意度，任务完成时间越短在多数情况下意味着产品的易用性越高，但主观满意度越高体验满意度通常越高，这两种数据表征体验积极/消极时的方向不同，当需要相互比较或放在一起分析时，也需要统一计分方法。

3. 定量数据的描述统计分析

总体来说，定量数据的描述统计分为集中趋势分析和离散趋势分析。

1）集中趋势分析

描述集中趋势的常用指标有平均数、中数和众数。

（1）平均数（Mean）是最常用的指标之一，常用 M 表示，统计学符号为 $\overline{X}$，计算公式为

$$\overline{X} = \frac{\sum_{i=1}^{N} x_i}{N} \tag{2.3}$$

（2）中数或中位数（Median），用 M_d 表示，是指将所有数据从大到小或从小到大排序后居于中间位置的数。

（3）众数（Mode），用 M_0 表示，是一组数据中出现次数最多的数。

3 类描述集中趋势的指标有各自的特点和适用场景，如表 2.6 所示。

表 2.6　3 类描述集中趋势的指标及其特点和适用场景

平均数	中数	众数
主要用于等距数据、等比数据	主要用于顺序数据，也用于等距数据	主要用于称名数据，也用于顺序数据
对样本的稳定性好	对样本的稳定性一般	对样本的稳定性差
受分组的影响不大	有时候受分组的影响	受分组的影响大
对极端数据不敏感	对极端数据不敏感	对极端数据不敏感

2）离散趋势分析

离散趋势是数据分布中数据变异或分散的程度。数据的离散性是随机现象的一个重要特征。描述离散趋势的常用指标有全距、百分位差、四分位差、离均差、离均差和、标准差、方差等。

（1）全距（Range）：一组数据中最大值与最小值的差，即 $X_{max}-X_{min}$。全距越大，数据越离散。

（2）百分位差（Percentile）：百分位数是一组数据排序后的某个点，在此点以下的数据个数占全部数据个数的百分比 p 为第 P_p 百分位数；百分位差就是两个百分位数的值之间的差，比如，第 P_{90} 百分位数与第 P_{10} 百分位数的百分位差为 $P_{90}-P_{10}$。

（3）四分位差（Semi-Interquartile Range）Q：将数据按从小到大的顺序排列，然后用 3 个百分位数 P_{25}、P_{50}、P_{75} 将其分成 4 部分，使得每部分各占 25%的数据。

（4）离均差：一组数据中的某个值与这组数据平均数的差值，即 $X_i - \bar{X}$。

（5）离均差和：$\sum(X_i - \bar{X}) = 0$。

（6）标准差：$S = \sqrt{\dfrac{\sum(X_i - \bar{X})^2}{N}}$。

（7）方差：$S^2 = \dfrac{\sum(X_i - \bar{X})^2}{N}$。

3）差异系数

差异系数是综合了标准差和平均数后用于描述数据分布趋势的一个统计量，即

$$CV = \frac{S}{\overline{X}} \times 100\% \qquad (2.4)$$

差异系数适用的情形包括：①两次或多次测量的用户体验指标或维度不同，但又需要进行对比；②两次或多次测量的用户体验指标或维度相同，但样本间的集中趋势相差较大，比如，都是时间数据，一次为1000，另一次为10000，标准差500对于这两个样本数据的意义不同。

使用差异系数时需要注意：①测量的数据等距；②测量工具有绝对零点；③仅用于差异量的描述统计，无有效的假设检验方法。

4. 定量数据的推论统计分析：置信区间

当用户研究获得的不是所有用户的数据，而只是部分用户即样本的数据时，可以基于样本的数据来估计总体情况，并作为设计决策的重要依据。

比如，在一项采用5点Likert量表形式进行的需求调查中，60位用户自我评价对某款产品的体验分数为2.8分，低于中值3分，能否认为用户对这款产品的体验是负面的，从而在做竞争分析时，将其作为负面体验的对标产品？置信区间的方法可以让我们在回答这个问题时有据可依。

采用置信区间的方法，则上面的问题就变成：一款产品有很多目标用户（假定10万位用户以上），假定所有用户都体验了这款产品并进行了评价，但评价分数未知，因为目标用户数量太大，我们无法一一收集数据。现在从所有用户中随机抽取60位用户作为样本进行统计，平均体验分数为2.8分，标准差为2.0，总体的平均体验分数为多少？

使用置信区间来回答这个问题时，则不会给出一个具体的分数，而会给出一个样本来自的总体所处的区间范围，以及判定这个区间范围时有多大把握（置信水平）。

这个区间范围可以通过式（2.5）估计出来，即

$$CI = \bar{x} \pm t_{(1-\frac{\alpha}{2})} \frac{S}{n} \tag{2.5}$$

式中，$\bar{x}$ 是样本平均数；S 是样本标准差；α 是估计的区间范围内无法包含的数值出现的概率，由选择的置信水平（CL）决定，即 $\alpha = 1-CL$；n 是样本量；$t_{(1-\frac{\alpha}{2})}$ 是符合 t 分布的一组数据中位于第 $P_{1-\alpha/2}$ 百分位数的那个数的 t 值，可查 t 分布表或用 Excel 中的函数 T.INV.2T(probability, deg_freedom)求得，deg_freedom（自由度）为 n-1，probability 为 α。

将前面调查获得的数据结果代入式（2.5），计算置信区间有

$$CI = 2.8 \pm 2.3 \times \frac{2.0}{60} = [2.72, 2.88]$$

可以判断，如果从一个未知的用户总体中随机抽取 60 位用户作为样本进行调查，其产品体验满意度平均为 2.8，标准差为 2.0，那么用户总体的平均体验满意度有 95% 的概率为 2.72～2.88。这时可以将其作为负面体验的对标产品，因为用户总体的平均体验满意度有很大概率低于 3，即偏向负面体验。

5. 定量数据的推论统计分析：差异检验

假定分别做 3 项调查研究来分析用户需求点的重要性。

研究 1： 一个设计团队邀请了 60 位用户对用户需求点 A 进行了重要性评价，其中，30 位男性用户的平均分为 4 分，30 位女性的平均分为 3.7 分；30 位男性的标准差为 3.6，30 位女性的标准差为 0.5。现在需要决策是否可以认为男性比女性更需要 A。

研究 2： 一个设计团队邀请了 30 位用户对用户需求点进行了重要性评价，其中，需求点 A 的平均分为 4 分，需求点 B 的平均分为 3.7 分；需求点 A 的标准差为 3.6，需求点 B 的标准差为 0.5。现在需要决策是否可以基于平均分选择平均分更高的需求点 A 而放弃需求点 B。

研究 3： 一个设计团队邀请了 30 位用户对用户需求点 A 进行了重要

性评价，平均分为 4.1 分，标准差为 3.6，现在需要决策是否可以基于平均分已经高于 4 分（假定 4 分为判断一个需求点是否重要的分值），认为需求点 A 可以保留作为重要用户需求点的选项。

这 3 项调查研究虽然需要处理的问题不同，但从数据处理的角度来看解决的都是 30 个样本（用户）对用户需求点 A 的评价差异能在多大程度上反映总体（所有用户）评价差异的问题，或者说，基于 30 个样本得出的结论能在多大程度上推广到总体中。

下面以研究 1 为例说明定量数据统计分析过程及其原理。

先假定研究 1 中所有的男性用户和女性用户对需求点 A 的重要性评价的平均数是相同的，这是一个非常重要的前提假设。现在随机抽取 60 位用户对需求点 A 的重要性评价数据，男性用户和女性用户各 30 位，抽取 10 次，每抽取 1 次之后被抽取到的用户数据重新被放回总体中，确保下次再抽取数据时总体中的每位成员都具有同等被抽中的概率。分别计算 10 次抽取结果中男性用户、女性用户对需求点 A 的重要性评价的平均数、平均数差值，将这些数据记录在表 2.7 中。可以看出，即便所有的男性用户和女性用户对用户需求点 A 的重要性评价的平均分相同，每次抽取 30 位男性用户和 30 位女性用户，也没有一次男性用户和女性用户对用户需求点 A 的重要性评价的平均数差值是相同的。我们称这种现象为抽样变异性。对平均数差值的抽样变异性做进一步的分析可以发现，男性用户和女性用户的平均数差值有 4 次是正的，有 6 次是负的，10 次平均数差值的平均数为-0.08，基本接近 0。实际上，如果抽取无限次而不只是 10 次，男性用户和女性用户的平均数差值的平均数会无限接近 0；同时，男性用户和女性用户的平均数差值尽管大小不一，但平均数差值越接近 0，其出现的可能性越大，反之，平均数差值越远离 0，其出现的可能性越小。这是因为前面设定的一个非常重要的前提假设：所有的男性用户和女性用户（总体）对需求点 A 的重要性评价的平均数是相同的，即其平均数差值为 0。

表 2.7 数据抽样结果

抽样编号	男性用户 平均数	女性用户 平均数	男性用户和女性用户 平均数差值
1	3.87	3.85	0.02
2	4.13	3.90	0.23
3	3.77	4.10	−0.33
4	3.97	3.83	0.14
5	3.60	3.85	−0.25
6	3.83	4.03	−0.20
7	3.77	3.98	−0.21
8	3.87	3.88	−0.01
9	3.80	3.78	0.02
10	3.63	3.85	−0.22
平均数	3.82	3.91	−0.08
标准差	0.15	0.10	0.18

除了平均数，抽取的用户数量即样本大小也会影响平均数的差异。在抽样次数相同的情况下，样本越大，样本平均数越有可能接近总体平均数。另外，不同的数据离散趋势，即标准差也会影响数据的分布形态，以及每种情况出现的可能性。因此，将样本大小和标准差也考虑在内，计算样本平均数差值出现的可能性更合理。综合了样本平均数差值、样本大小和标准差后，就可以分析在一个非常重要的前提假设成立的情况下出现抽样样本的平均数差值的可能性。在这种情况下的可能性与仅考虑样本的平均数差值的情况相似，即平均数差值越接近 0，其出现的可能性越大；反之，平均数差值越远离 0，其出现的可能性越小。需要注意的是，这种可能性还受到样本大小和标准差的影响。我们称基于样本平均数差值、样本大小和标准差计算得到的反映样本数据差异情况的值为 t 值。当进行无限次抽样时，以不同 t 值为横轴，以不同 t 值出现的可能性为纵轴，就构成了 t 分布。图 2.15 展示了自由度（与样本大小有关）为 58 时的 t 分布形态。

在了解了反映某个样本差异性的 t 值和反映不同 t 值出现的可能性的 t 分布后，就可以基于样本数据计算得到的 t 值，以及其在一个非常重要的前提假设成立的条件下出现的可能性大小来判断总体，即所有男性用户和女性用户对需求点 A 重要性评价的差异情况。在研究 1 中，所有的男性用户和女性用户对需求点 A 的重要性评价可以分为两种情况：相同，不相同。据此可以提出两个假设情况。

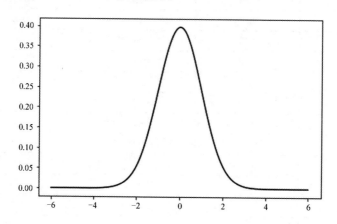

图 2.15　自由度为 58 时的 t 分布形态

H_0：虚无假设，所有的男性用户和女性用户对需求点 A 的重要性评价相同。

H_1：备择假设，所有的男性用户和女性用户对需求点 A 的重要性评价不相同。

如图 2.16 所示，当 H_0 为真时，即所有男性用户和女性用户对需求点 A 的重要性评价相同时，进行无数次抽样，样本量为 60，男性用户和女性用户各 30 位，其 t 值的分布接近左侧的分布形态，多数 t 值都位于 $\mu_0 = 0$ 左右，t 值与 0 的差值的绝对值越大，其出现的概率越小；当 H_1 为真时，即所有男性用户和女性用户对需求点 A 的重要性评价不相同时，进行无数次样本量为 60 的抽样，男性用户和女性用户各 30 位，其 t 值的分布接近右侧的分布形态，即多数 t 值都位于 $\mu_1 (\mu_1 \neq 0)$ 左右。

一次抽样的结果越接近 μ_0，这个样本来自男性用户和女性用户无差异的总体的概率就越大，来自男性用户和女性用户有差异的总体的概率就越小；同样地，一次抽样的结果越接近 μ_1，这个样本来自男性用户和女性用户有差异的总体的概率就越大，来自男性用户和女性用户无差异的总体的概率就越小。但是，因为 $\mu_1 \neq 0$ 有无数种可能，无法一一排除验证，所以可以通过判断样本来自 μ_0 的概率，来推论其来自 μ_1 的概率。

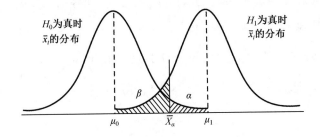

图 2.16 虚无假设和备择假设分别成立（为真）时 t 值的分布形态

要验证来自 $\mu_0 = 0$ 的概率，首先需要计算样本的 t 值，再判断这个 t 值来自 $\mu_0 = 0$ 的无差异的总体的概率。

如前所述，t 分布受到离散趋势的影响，如果男性用户和女性用户的数据离散趋势差异过大，其 t 值的分布形态也会差异过大，无法直接比较。因此，首先要进行离散趋势的齐性检验，即方差齐性检验，又称为 Hartley's $F_{\max}$ 检验：分别计算男性用户和女性用户数据的方差，然后计算大的方差与小的方差的比值，获得方差齐性检验的判断依据 $F_{\max}$，即

$$F_{\max} = \frac{S_{\text{bigger}}^2}{S_{\text{smaller}}^2} \tag{2.6}$$

检验方差齐性的标准受样本量大小的影响。当样本量大于 10 时，$F_{\max} > 2$ 判定为方差不齐；当样本量小于 10 时，$F_{\max} > 4$ 判定为方差不齐。

然后，根据方差齐性结果选择 t 值计算方法。

当方差齐性时：$t = \dfrac{\overline{x}_1 - \overline{x}_2}{\sqrt{\dfrac{S_1^2}{n_1} + \dfrac{S_2^2}{n_2}}}$

当方差不齐时：$t = \dfrac{\overline{x}_1 - \overline{x}_2}{\sqrt{\dfrac{S_1^2}{n_1 - 1} + \dfrac{S_2^2}{n_2 - 1}}}$

计算出 t 值后，在 $\mu_0 = 0$ 总体无差异的情况下，随机抽取男性用户和女性用户各 30 位，计算出现这样的一个 t 值的概率。该概率可以通过 Excel 中的函数获得，即 $p=\text{T.DIST.2T}(x,\text{deg\_freedom})$，其中，$x$ 为计算出的 t 值，自由度 $\text{deg\_freedom}= n_1+n_2-2$。

下面以研究 1 的数据为例说明计算过程和结果。

①首先，通过方差齐性检验判断男性用户和女性用户的数据的方差齐性情况：

$$F_{\max} = \frac{S_{\text{bigger}}^2}{S_{\text{smaller}}^2} = \frac{3.6^2}{0.5^2} = 51.8$$

因为方差齐性检验结果 $F_{\max} > 2$，且样本量大于 30，所以可判定男性用户和女性用户的数据方差不齐。

②采用方差不齐时的 t 检验公式计算 t 值，即

$$t = \frac{\overline{x}_1 - \overline{x}_2}{\sqrt{\dfrac{S_1^2}{n_1-1} + \dfrac{S_2^2}{n_2-1}}} = \frac{4-3.7}{\sqrt{\dfrac{12.96}{30-1} + \dfrac{0.25}{30-1}}} = \frac{0.3}{0.68} = 0.44$$

也就是说，计算后得知 $t=0.44$。

③通过 Excel 中的函数 T.DIST.2T$(x,\text{deg\_freedom})$可以得到，T.DIST.2T$(x,\text{deg_freedom})= $ T.DIST.2T$(0.44, 58)\approx 0.66$。

④因为 0.66>0.05，所以可以判断研究 1 中的男性用户和女性用户对用户需求点 A 的重要性评价有很大概率（0.66）来自一个评价相同的总体，所以不能认为所有男性用户和女性用户对用户需求点 A 的重要性评价的差异有统计学意义（只有当 $p<0.05$ 时），更不能基于 30 位男性用户和 30 位女性用户的抽样调查结果，得出男性用户比女性用户更需要用户需求点 A 的结论。

第 3 章

设计定义

3.1 从用户需求到设计定义

在产品生命周期中，需求分析的下一个重要环节是如何将需求作为输入，转换成设计元素，并最终变成产品或服务的一部分。一个高质量的信息交互产品既离不开高质量的需求分析，也需要把需求分析作为设计定义的重要依据。这样得出的产品定义才不是无源之水、无本之木。

从设计思维的角度，共情阶段对目标产品的利益相关方存在的痛点和期望进行洞察，形成了一个需求集。但是，一款产品所能承载的功能是有限的，而需求来自多个利益相关方，众口难调。因此，从设计管理的角度，能否将庞杂的、结构性差的需求有效地转化成目标产品的设计元素或属性，是设计定义阶段的重点。

这个过程既是一个从数量上收敛需求的过程，也是一个从质量上结合企业能力、竞争对手表现、行业趋势、用户洞察等将需求与设计连接、对需求进行分类和取舍的过程。借助科学、有效的方法，可以做到从需求到设计的精益化管理，从发现的各类问题和需求出发进行设计创意与创新，提出既能解决问题又能满足需求的合理的设计方案。

在设计创意与创新过程中需要考虑多个因素，如公司的战略、目标客户的需求、设计对象在整个产品体系中的位置、竞争对手的表现、可用的技术解决方案、商业利益等。但是，在众多因素中，目标客户的需求是核心。设计创意再好，客户没有使用意愿或者无法使用产品，设计创意就是水中月、镜中花。因此，在影响创意与创新方向的众多因素中，目标客户的需求和产品的痛点居核心地位。

本章主要介绍将需求分析的产出转化为设计元素的方法，同时说明如何在转化过程中兼顾其他因素，并提供系统性的解决方案。

在将需求转化成设计元素时，首先需要分析其表现形式。在需求分析中，Ⅰ型需求是以利益相关方尤其是目标用户体验视角描述的，其通常是以客户而非设计者的语言表达的，有时具有一定的模糊性，如希望看起来"有设计感""简约大方""有科技感""容易使用"等。Ⅰ型需求也可以是用户的痛点，如注册流程烦琐、不易查找信息、页面不够简洁等，设计者的责任就是发挥创意，为这类痛点找到尽可能多的解决方案，并最终选择一个最优或最适合的解决方案作为设计方案，以提升用户体验。对于Ⅰ型需求，重要的是能从设计者的专业角度，为这类模糊性的需求找到可能的设计方案，将模糊性的需求落实到具体的产品设计中。

Ⅱ型需求是以设计语言或技术语言描述的，如"扁平化设计""卡片式布局"。以设计语言或技术语言描述的需求虽然更贴近产品定义的目标，但往往提出这类需求的是用户，而并非产品的设计者，即便某些用户有一定的专业性，但他们对于影响设计方案选择的其他因素、设计方案要解决的其他问题、产品的定位和战略等的了解往往不够系统、全面，因此，对于Ⅱ型需求，设计者需要对背后的原因进行洞察分析。例如，用户喜欢"扁平化设计"的原因可能是在使用某个扁平化风格的产品时体验较好，在光环效应的作用下用户认为"扁平化设计"均会带来积极的体验。总之，在针对Ⅱ型需求寻找设计创意和解决方案时要有所甄别，避免陷入"凡是用户讲的都要满足"的误区，应运用设计者的专业能力，从整体上把控从需求到设计定义的过程质量，不要因用户提出的具体需求 "一叶障目，不见森林"。能基于对设计对象的更全面、更系统的了解，结合用户需求点，提出比用户提出的解决方案更优质、更合适的方案，也是设计者的重要素养。

再以福特汽车的观点为例，"如果我问用户他们想要什么，他们会说一匹更快的马。"在这个例子中，用户不仅提出了需求"更快"，也提出了设计解决方案"马"。从为需求提供设计解决方案的角度，"更快"是设计创意发散的出发点，"马"则是设计解决方案之一，但不是唯一的设计解决方案。当盲目"以用户为中心"时，设计者可能会陷入拿着"用户的声音"（Voice of Customer，VOC）当令牌，费尽心思地要为用户设计一匹"更快的马"的误区。但是，这种 VOC 表达的需求有两个受限条件，一是在当时的条件下"马"的速度已经达到了"马"这类物种的生理极限，将设计解决方案限定在自然"马"的范围内几乎无法做到"更快"；二是当时的用户作为乘客其思维与认知受到当时的交通工具形态的限制，能想出的满足自己需求的设计形态囿于各种"马"中。

同理，在设计过程中，即便采用参与式设计的方法，或者即便用户的体验能为设计提供有价值的信息，设计者也不能苛求用户像企业家、工程师和设计者一样能"越俎代庖"地提出设计解决方案。一个合格的设计者也不会把设计创意及最终形成完整的设计解决方案的职责完全交给客户或用户，自己则"坐享其成"。

提出问题和期望是用户的天职，而提供设计解决方案来处理用户的问题和满足用户的期望则是设计者的天职。正如乔布斯所说，"你需要从用户体验出发倒推需要什么技术，而非在技术开发出来之后才思考怎样把技术卖给用户。"

Ⅱ型需求因为已经勾勒出了设计解决方案，不属于本书的重点。本章将主要介绍如何将Ⅰ型需求转化为设计创意方案，即从用户视角将发现的需求转化为设计元素。

3.1.1　质量功能部署

在将需求转化为设计解决方案时，容易遇到需求遗漏和需求放大的问题，导致之前需求分析的结果没有得到充分的挖掘和利用。其中，需求遗漏是指需求项被主动或被动忽略，因此在最终的设计创意中缺少针对这些需求项的解决方案；需求放大是指个别需求项被放大。

为了高质量地完成从需求到设计的转化，需求管理领域的专业人士探索了多种方法，质量功能部署（Quality Function Deployment，QFD）是经实践证明最有效的方法之一。QFD 是一种将用户的需求转化为服务或产品的设计、功能、品牌、生产、制造、运营等方面的定量参数，继而被部署到产品创意、设计、开发、制造、营销、服务等产品生命周期各阶段中的特定要素的产品质量管理方法。与精益六西格玛等其他产品质量管理方法相比，QFD 是一种由用户控制的设计方法，或者是由用户驱动的工程方法，属于以人为中心的设计（Human-Centered Design）方法论的一部分。

QFD 最早由日本质量管理专家赤尾洋二和水野滋在 20 世纪 60 年代提出，并于 1978 年将相关成果公开发表于 *Quality Function Deployment: A Company Wide Quality Approach* 一书中。1945 年之后的几十年间，日本工业处于从仿造到创新甚至开始超越美国工业的阶段，最典型的是汽车行业。日本汽车行业通过对汽车用户需求的敏锐洞察，发现美式大排量汽车受石油危机影响对普通消费者而言使用成本高，英式豪华汽车更是高不可攀，因此找到了一条高质量、高性价比的汽车行业发展道路。日本工业崛起的过程，虽然是很多因素综合作用的结果，但日本企业对于消费者需求的关注，以及日本质量管理界提出的一系列消费者洞察相关的方法论无疑起到了重要作用。QFD 作为这些方法论中的一种，在 20 世纪七八十年代开始传播到西方世界尤其是美国，成为日本软实力的一部分。

虽然 QFD 早期主要应用于交通工程、建筑工程、精密机械和电子工业等领域，但其由用户需求驱动的核心思想与设计思维倡导的以用户为中心的理论不谋而合。经过几十年的探索和发展，业界围绕 QFD 形成了一系列成熟的实施工具和方法，为进行信息交互设计时如何实现以用户为中心提供了很多有价值的启示，以及加以完善就可以进一步利用的方法。

设计过程的一个特点是，在开始阶段用户的需求和设计的目标往往是模糊的，称为模糊前端（Fuzzy Front End）。因此，能否将模糊的需求清晰化，并转化为设计属性至关重要。

质量屋（House of Quality，HoQ）是 QFD 方法论体系中的一个重要部分，为将客户需求转化为设计属性提供了一种简便、易用的方法和工具。其核心是梳理用户需求与产品或服务的功能（在设计方面就是设计元素）之间的关系。HoQ 常常被用作质量管理的工具，因此，其在应用到设计领域时也经常被视为设计质量管理的一部分。HoQ 适用于完成需求分析之后的阶段，这时需要考虑如何将需求分析结果转化为设计者等企业内部人员可以理解的专业语言，从而变成工作的一部分。从设计创新的角度来看，HoQ 或 QFD 的整套方法论既可以用于改善性设计活动，也可以用于突破性设计创新活动。在通常情况下，前者的目标已经比较清晰，只需要有针对性地解决问题即可，不存在模糊前端的问题，因此 HoQ 用于新产品或服务的创新设计活动时价值更高。

如图 3.1 所示为质量屋示例，HoQ 以用户需求—设计创意（产品需求）关系矩阵为中心，包括用户需求集（列表）及权重、设计创意集（列表）及创意关系矩阵、用户需求满足程度、设计机会点、设计创意对解决用户需求的权重等。

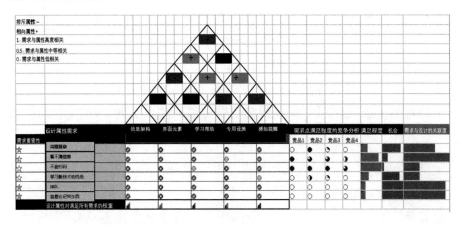

图 3.1　质量屋示例

下面将结合从用户需求到设计创意的转化分析来逐一介绍相关的步骤。

1. 用户需求列表

在将用户需求转化成设计解决方案前，需要首先梳理好需要转化的用户需求列表，即用户需求分析阶段形成的用户需求集。用户需求集中的用户需求项为Ⅰ型需求，即从用户视角表述的需求，可以是体验方面的痛点和期望等，如"流程烦琐""界面杂乱"和"更小清新些"等。

2. 用户需求的权重分析

在针对每个用户需求点进行设计创意并寻找设计解决方案时，通常一款产品或服务所能承载的功能和设计创新点有限，无法充分满足所有的用户需求。因此，在形成用户需求集后，还需要对用户需求的重要性进行分析：当用户需求点两两之间可以相互比较且用户需求点数量较少时，可以采用层次分析法（Analytical Hierarchy Process，AHP）来确定用户需求项的相对权重；当两个或以上用户需求点无法直接比较或用户需求点数量较多时，可以采用对用户需求点的可比较性无要求的卡片分类法、卡诺模型等对用户需求的重要性进行分析。

3. 竞品对用户需求点的满足程度与机会点分析

对于有的用户需求点，竞品已经提供了比较多的解决方案，这类用户需求点可称为"红海需求"。例如，"使用已有社交账号登录"这样一个用户需求点，已经有很多的产品提供了使用微信、支付宝等账号登录的方式，且用户体验良好，再投入资源探索其他解决方案并不会给公司带来太多额外的收益，这时可以通过对标分析法（Benchmarking Analysis）来分析竞品的常规设计方案，采用行业标准做法作为设计方案即可解决问题。在这种情况下，竞品分析可以帮助设计者逆向重新审视用户需求分析的输出结果，如果有大量的用户需求点都是"红海需求"，则表明即便投入资源也难以获得相对竞品而言更具有创新性的解决方案，这时就需要重新挖掘用户需求点。

进入"红海需求"的用户需求点也可能是由思维定势引起的用户需求点，而这种思维定势往往受到需求分析时一些物体的限制。例如，"想喝水"这样一个用户需求点，从马斯洛需求层次来看，既可能是一个低层次的"生理需求"，这时只需要一杯水来解决"口渴"这个问题即可；也可能不是一个由"口渴"带来的"生理需求"，而是一种"心理需求"。一个小孩子看到其他小孩子在喝水，从众行为和好奇心也会驱动小孩子提出"喝水"的需求；而"喝水"对热恋中的情侣而言则可能只是一个借口，借喝水时机寻找一个浪漫优雅的空间，享受在一起的时光才是其真正的"醉翁之意"。

因此，在遇到"红海需求"时，设计者也可以突破思维定势，思考是否可以超越需求的"原始属性"，而提出与竞品有所不同的差异化设计创新方案。这在商业服务领域有大量的成功案例，比如，自行车本身是一个"红海行业"，但将"购买"变成"共享"后就成为一个新的"蓝海行业"。

通过竞品分析，可以将设计创意资源更多地投入竞品没有找到成熟可靠的解决方案的用户需求点上。这些用户需求点就构成了"蓝海需求"。

4. 针对用户需求点的创意发散

梳理了需要通过设计创意解决的用户需求点后，接下来就是针对各用户需求点有针对性地寻找创意解决方案。采用 HoQ 进行设计创意发散与在无约束条件下的设计创意发散存在很大区别，用户需求点始终是HoQ 中设计创意方案发散的约束条件，这意味着在提出每个设计创意方案时都要思考：这样的一个方案、功能或设计元素对于满足对应的用户需求点是否有帮助？通过什么方法可以满足用户需求点？这个设计创意步骤可以参照 SCAMMPER、72 卡片法等方法，并结合要解决的具体问题进行设计创意发散。

在 HoQ 的屋顶部分，可以对设计创意点的互吸/互斥情况进行分析，以检验设计创意点互相之间的关系。例如，"简洁页面"与"功能在同一个页面上呈现，不使用二级菜单"存在一定的互斥关系，当一个产品的功能点较多时，按照层级关系使当前页面仅呈现一级功能而隐藏二级功能是一种可行的解决方案，但当创意解决方案是设计更简洁的页面时，这两个设计创意点就会存在冲突。

5. 设计创意点与用户需求点的关联度分析

在针对每个用户需求点进行设计创意发散后，需要将所有用户需求点和设计创意点进行关联度分析，检验是否每个用户需求点都找到了对应的设计创意方案。设计创意方案与用户需求点的关系通常来说并不只是有或无的关系，而是存在或多或少的关联。因此，可以用定量的方法来描述各用户需求点与设计创意方案的关联程度，本书中用符号 c_{ij} 来表示。

c_{ij} 代表第 i 个用户需求点 r_i 与第 j 个设计创意点 s_j 的关联度。c_{ij} 的值可由设计者来判定，亦可邀请多个利益相关方来判定，最后取平均分，或者综合考虑其集中趋势和离散趋势后计算得出。

在完成每个用户需求点与设计创意点的关联度分析后，需要对每个用户需求点是否都找到对应的设计解决方案，以及每个设计创意点与所有用户需求点的关联度进行分析。

基于 c_{ij}，可以计算某个用户需求点与所有设计创意点的关联度总和 $\sum c_i$，以及某个用户需求点所处行的 c_{ij} 的总和 $\sum c_{ij}$。$\sum c_{ij}$ 的理论最小值为 0，$\sum c_{ij} = 0$ 说明目前通过设计创意发散找到的所有设计解决方案都与这个用户需求点没有任何关联性，即这个用户需求点未能有效转化成设计元素或产品的功能点。如果这个用户需求点很重要，也与企业的战略定位一致，就需要有针对性地再次进行设计创意发散，直至找到关联度比较高的设计解决方案。

除计算 $\sum c_{ij}$ 的理论最小值来检验是否每个用户需求点都找到了相应的设计解决方案外，还可以计算 c_{ij} 的分布情况来分析设计解决方案在某个用户需求点上的冗余度。其可以用标准差（Standard Deviation，SD）和全距等表示数据离散趋势的指标衡量。

标准差为 0，意味着所有的设计解决方案与某个用户需求点的关联度都相同，这时如果 c_{ij} 的平均值 $\overline{c}_{ij}$ 也比较小甚至接近 0，则说明针对这个用户需求点还未找到有效的设计解决方案；如果 c_{ij} 的平均值 $\overline{c}_{ij}$ 比较大或接近量表的最大值，则说明目前找到的设计解决方案均与这个用户需求点有高关联度，达到饱和状态，可以停止对这个用户需求点的设计创意发散。

这些指标还可以用来分析设计解决方案是否存在冗余，如果存在冗余，就可以在后面筛选设计解决方案时适当舍弃一部分设计解决方案。标准差计算公式为

$$\mathrm{SD}_{c_{ij}} = \sqrt{\dfrac{\sum_{i,j=1}^{n} \left(c_{ij} - \overline{c}_{ij} \right)^2}{n-1}}$$

标准差较大，意味着目前的设计解决方案与某个用户需求点的关联度差异较大，这时如果 c_{ij} 的平均值 $\bar{c}_{ij}$ 比较小，说明多数设计解决方案都与这个用户需求点没有关联，都无法有效解决这个用户需求点，这时可以有针对性地分析关联度比较高的设计解决方案，看其技术上的可行性、商业上的价值、与公司战略的一致性、与产品定位的符合程度等，如果这些条件都无法满足，就需要继续寻找设计解决方案。

基于 c_{ij}，还可以检验各设计创意点 s_j 对解决所有用户需求点的贡献性大小之和 $\sum c_j$，即某个设计创意点所处列的 c_{ij} 值的总和。$\sum c_j$ 的理论最小值为 0，$\sum c_j=0$ 说明第 j 个设计创意点与任何用户需求点都没有关联，这个设计创意点属于无效创意，对于解决用户需求点没有任何帮助，这时就需要考虑舍弃此设计创意点。

同理，c_j 的分布情况也可以反映某个设计创意点在帮助解决各用户需求点时的特殊关联。当两个设计创意点的 $\sum c_j$ 相同时，标准差更大的设计创意点仅能解决某些用户需求点，而对其他用户需求点的贡献相对较小；相反，标准差更小的设计创意点则属于"普惠性"的设计创意点，能让各用户需求点"雨露均沾"。但需要注意的是，"普惠性"的设计创意点有可能是由于其过于宽泛、不够聚焦导致的，例如，某个设计创意点是"快捷入口"，因为这样一个设计创意点没有具体描述是如何实现"快捷入口"的，可能对"流程复杂""找不到信息"等用户需求点都有"贡献"，这时通常需要结合用户需求点和产品定位，对这类设计创意点进行二次设计创意发散。

6. 机会分析

在质量屋的右侧加一个"房间"，可以分析直接竞争对手、间接竞争对手与潜在竞争对手对每个用户需求点的满足程度，之后可以据此分析解决这个用户需求点能给企业带来多少机会。

同理，在质量屋的底端加一个"房间"，可以分析直接竞争对手、间接竞争对手与潜在竞争对手每个设计解决方案的实现程度，之后据此分析采用各设计解决方案能给企业带来多少机会。

7. 设计创意点到设计解决方案

前面的步骤已经为解决各用户需求点找到了相关的设计创意点，但这些设计创意点是分散的，还无法构成产品或界面。因此，需要结合企业的前端技术平台、终端形态（移动端、桌面端、车载端）、运营需求等，将这些设计创意点组合为一个可供用户使用的信息交互产品。

在这个过程中，还可以使用一些相对成熟的产品模型来验证设计创意点的合理程度，比如，使用用户体验的五要素模型，分析各设计创意点在战略层、范围层、结构层、框架层和表现层上的分布情况，检查是否有设计要素没有被设计创意点涵盖到。

3.1.2 设计方案选择的平衡计分卡

在进行设计方案选择和评价时，也需要从多个角度对设计方案进行综合考虑。平衡计分卡（Balanced Score Card，BSC）为评价设计方案提供了一个由多维指标构成的方法。平衡计分卡由美国管理学家 David Norton 和 Robert Kaplan 提出，最早是在绩效考核中权衡财务收益和非财务收益形成的综合性的绩效评价指标体系。如图 3.2 所示，在选择和评价设计方案时也可以借用平衡计分卡来对设计方案从财务和非财务两个角度进行收益分析，并结合公司的整体战略选择合适的设计方案。平衡计分卡的特点是，能将企业的长期愿景和宏观发展战略与内部职能部门的行动计划和业绩评价指标联系起来，从而将企业的长期愿景和宏观发展战略转变为具体的行动目标和评价指标，以实现发展战略和绩效的有机结合。

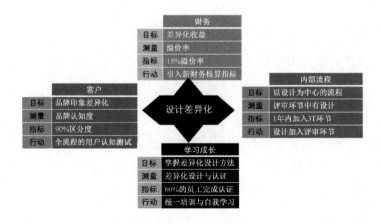

图 3.2　采用平衡计分卡选择和评价设计方案

3.2　需求分类卡诺模型

在将用户需求点转化成设计创意点后，可以基于设计创意点对用户满意程度的影响对其进行分类。站在设计质量精益管理的角度，这个过程可以在完成设计创意后，进一步对各设计创意点解决用户需求点的贡献度进行检验，从而发现不同设计创意点对于用户满意程度的贡献，在必要时仅保留那些对用户满意程度有正面积极作用的设计创意点。

卡诺模型（Kano Analysis Model）就是一种可以从情感反应角度测量和分析用户对设计创意点满意程度的方法。

卡诺模型是日本东京理工大学教授 Noriaki Kano 于 20 世纪 80 年代提出的，也被称为"用户满意程度与实施投资"方法。卡诺模型是一种分析工具，可以帮助设计者了解如何衡量和探索用户对产品或功能的情感反应。

在卡诺模型中，一个设计创意点的卡诺属性取决于用户关于这个设计创意点对两个问题的回答情况。

（1）正向问题：当产品具有设计创意点 A 时，您会感到

沮丧	不满意	中性	满意	开心

（2）反向问题：当产品不具有设计创意点 A 时，您会感到

沮丧	不满意	中性	满意	开心

基于对这两个问题的回答，任何一个设计创意点都可以被归为卡诺模型 5 个属性分类中的一类。

3.2.1　卡诺模型的 5 个属性分类

1. 必须属性

必须属性（Must-Be Features）是用户认为一款产品或服务必须具有的属性，是一款产品之所以构成某产品的基本特征，比如，在一款视频类网站产品中，调节播放窗口大小功能就是一个必须属性。必须属性是用户认为某类产品理所当然具有的功能，没有这项功能，就不能成为某类产品。

当用户对产品具有某个设计创意点的情感反应是中性的，而对产品不具有某个设计创意点的情感反应是负面（沮丧或不满意）的时，这个设计创意点对产品而言就属于必须属性。也就是说，用户不会因为产品具有这个设计创意点就对产品形成积极情绪或变得开心，但是当产品没有这个设计创意点时，就会对产品产生消极情绪或变得不满意。

从对产品满意程度贡献的角度，必须属性不会提升用户对产品的满意程度，但会损害用户对产品的满意程度。当某款产品的定位为"人有我有"时，必须属性比重会比较高，即某款产品所具有的某个属性是用户认为这类产品必须有的，否则该款产品就不能称为某类产品，如吹风机的冷热风切换功能、购物网站中产品的分类展示功能等。

2. 绩效属性（一元属性）

绩效属性（Performance Feature）是用户期望一款产品所具有的属性。

当用户期望产品拥有某个属性，而产品实际上也提供了某个属性时，用户的期望就得到了满足，用户对产品就会满意；当用户期望产品拥有某个属性，而产品并未提供某个属性时，用户的期望就没有得到满足，用户对产品就会不满意。可见，绩效属性是直接决定用户对一款产品满意或不满意的属性，与用户对产品的满意程度线性相关，因此绩效属性又称为"一元属性"。

当用户对产品具有某个设计创意点的情感反应是正面（满意或开心）的，对产品不具有某个设计创意点的情感反应是负面（沮丧或不满意）的时，这个设计创意点对产品而言就属于绩效属性。

从对产品满意程度贡献的角度看，绩效属性既可以提升用户对产品的满意程度，也可损害用户对产品的满意程度。当一款产品定位为"人无我有"时，其设计创意点就不能停留在仅满足用户对某类产品的基本需求上，还需要在必须属性外探索可以提升用户对产品满意程度的设计创意点作为绩效属性，如吹风机的调节风速大小功能、购物网站的加入购物车功能等。

3. 魅力属性

魅力属性（Attractive Feature）是能给用户带来兴奋和喜悦的属性。魅力属性是指用户未预料到某款产品会提供某个属性，而产品提供某个属性后会超出用户期望，从而带来喜悦和满足感。拥有魅力属性可以使某款产品在竞争中拥有区别于其他同类产品的吸引力和优势。从设计的角度来看，魅力属性是拥有独特创意的属性，其给用户提供了任何其他产品都没有的获得感和正向的情感体验。

当用户对产品具有某个设计创意点的情感反应是非常正面（开心）的，对产品不具有某个设计创意点的情感反应是中性的时，这个设计创意点对产品而言就属于魅力属性。

从对产品满意程度贡献的角度看，魅力属性仅可以提升用户对产品的满意程度，但不会损害用户对产品的满意程度。因为这样的设计属性是出乎用户意料的，属于意外之喜。当一款产品定位为"人有我优"时，就需要走出同质竞争的"红海"，探索其他同类产品没有的属性，搜寻超出用户期望的设计创意点。魅力属性给用户带来的意外之喜，最终也会体现到产品不同于其他同类产品的商业附加值上。例如，戴森吹风机就颠覆了传统吹风机的吹风筒设计方案，其中空的吹风筒既突破了同类产品的同质性局限，又提高了吹发的安全性，这样的设计创意点自然而然成为吹风机领域的魅力属性。

产品的卡诺属性会随时间的推移和竞争对手的变化而出现属性下沉现象。例如，吹风机的调节风速大小功能，某产品制造商刚推出此功能时，相对于竞争对手而言该功能属于绩效属性甚至魅力属性，但随着其他竞争对手也陆续推出此功能，该功能就会下沉为必须属性（用户会因风速大小无法调节而对一款吹风机产生极大的不满情绪）。

4. 无关属性

无关属性（Indifferent Feature）是对产品满意程度不会产生任何影响的属性，即在设计定义阶段，提供或不提供某个设计创意点，用户对产品的满意程度都不会发生变化。

当用户对产品具有某个设计创意点的情感反应是中性的，对产品不具有某个设计创意点的情感反应也是中性的时，这个设计创意点对产品而言就属于无关属性。

相对而言，前面的几种属性能够让设计者选择进退，而无关属性会将设计者置于无路可走的地步。无关属性过多意味着设计创意阶段提出的设计创意点偏离了大方向，这时需要思考设计创意点是否背离了产品的定位。

5. 反向属性

反向属性（Reverse Feature）是仅能给用户带来沮丧和不满意的设计属性。反向属性是用户不希望某款产品或服务提供的属性，提供该属性后会降低用户对产品或服务的满意程度。

反向属性对产品满意程度的贡献与绩效属性正好相反。当用户对产品具有某个设计创意点的情感反应是负面（沮丧或不满意）的，对产品不具有某个设计创意点的情感反应是正面（满意或开心）的时，这个设计创意点对产品而言就属于反向属性。

视频类网站中的广告是非常典型的反向属性，是为了产品的商业利益而损害用户体验的功能。这时就需要在商业利益和用户对产品的满意程度之间权衡利弊。还有一些属性既会降低用户对产品的满意程度，也不会给产品提供方带来商业利益。比如，在购物网站结账时弹出无法立即使用的消费券或抽奖窗口，中断了用户的支付流程，这些消费券或抽奖的"福利"设计就属于损人且不利己的反向属性。

6. 无效属性

除了以上 5 个卡诺模型的属性，用户对设计创意点的情感反应还会出现矛盾的情况。比如，用户对产品具有某个设计创意点的情感反应是开心的，对产品不具有某个设计创意点的情感反应也是开心的，我们就可以怀疑用户有可能没有理解或认真思考这个问题，提供的答案对于我们判断某个设计创意点对产品满意程度的贡献没有参考价值，可以将其列为无效数据。无效数据的这种判断方法在反向题测谎中经常使用。

综合不同卡诺模型的属性来看，一款新产品需要具备一定的绩效属性和魅力属性才能称之为"新"产品。只有必须属性的产品与现有产品相比平淡无奇，缺少可以提高用户对产品满意程度的设计创意点，通常会陷入同质性竞争，只能采用价格战等来弥补产品创意方面的不足；而只有魅力属性的产品则会很容易被认为花哨不实用、舍本逐末。

3.2.2 卡诺属性的统计计算方法

1. 基于原始分类数据

基于用户对于具有/不具有某个设计创意点的情感反应情况，制作成用户满意度二维矩阵,可以快速将某个设计创意点分类为卡诺模型的 5 个属性中的一个。

在实际设计过程中,从抽样调查的角度来看,仅调查一位用户的数据的代表性不够,因此往往会收集多位用户的数据,作为判断某个设计创意点卡诺属性的依据。在这种情况下就需要使用推论统计方法做出判断。基于将某个设计创意点归为各类卡诺属性的人数来判定其属于哪类卡诺属性时,汇总后的数据属于类别数据或称名数据,因此数据统计分析方法可以选择卡方检验(任何一类的数值都大于 5)或非参数检验(当有一类的数值小于 5 时)。

假定在一项卡诺属性研究中,共调查了 250 位用户,对设计创意点 s_j 的卡诺属性判断结果如表 3.1 所示,假定没有出现无效属性,现需要判断设计创意点 s_j 属于哪类卡诺属性。从 250 位用户的情况来看,认为设计创意点 s_j 属于必须属性的用户数量最多。这时如果将此设计创意点判定为必须属性,会存在一定风险:所有用户对此设计创意点的卡诺属性判断有多大可能不同于这 250 位用户的判断?如前所述,对于抽样调查结果需要进行推论统计,以判断基于一定数量的样本得出的结论能否推广到用户总体。

表 3.1 卡诺属性判断结果

必须属性	绩效属性	魅力属性	无效属性	反向属性
125	78	27	13	7

针对分类数据差异的推论统计,可以采用式(3.1)来计算卡方值做出判断:

$$\chi^2 = \sum \frac{(f_o - f_e)^2}{f_e} \qquad (3.1)$$

式中,f_e 为假设所有用户将设计创意点 s_j 归为 5 类卡诺属性的人数相等时,从中随机抽样 250 人,这 250 人将设计创意点 s_j 归为 5 类卡诺属性之一的理论期望值。理论期望值计算的前提条件是:①假设所有用户将设

计创意点 s_j 归为 5 类卡诺属性的人数相等；②250 人的分类结果与所有用户的分类结果一致，这时 $f_e = \dfrac{250}{5} = 50$，即将设计创意点 s_j 归为 5 类卡诺属性之一的人数都是 50 人。f_0 为实际调查的 250 位用户的分类结果，如表 3.1 中所示数据。将数据代入式（3.1），可得

$$\chi^2 = \frac{(125-50)^2}{50} + \frac{(78-50)^2}{50} + \frac{(27-50)^2}{50} + \frac{(13-50)^2}{50} + \frac{(7-50)^2}{50} \approx 203$$

查卡方分布表或使用 Excel 中的函数进行查询，当将设计创意点 s_j 归为 5 类卡诺属性的用户数量相等的假设成立时，从中随机抽样 250 人，这 250 人将设计创意点 s_j 归为如表 3.1 所示结果的概率有多大。使用 Excel 中的函数 CHISQ.DIST.RT$(x, \text{deg\_freedom})$，其中，x 为卡方值 203，deg_freedom 为自由度 4，得到其概率远小于 0.01。因此可以推论，如表 3.1 所示的 250 人的数据来自卡诺属性归类无差异总体的概率很小；相反，这样的数据更有可能来自卡诺属性归类有差异的总体，通过进一步比较不同属性间的差异，即可推断设计创意点 s_j 有多大概率属于必须属性。

2. 基于用户对产品的满意程度提升/损害（Better/Worse）系数

虽然基于原始分类数据判断某个设计创意点属于哪类卡诺属性是可行的，但从上述分析过程可以看出，仅基于将设计创意点归为 5 类卡诺属性的人数对其分类，没有充分利用其他卡诺属性中也包含的与用户对产品的满意程度相关的信息。例如，魅力属性和绩效属性都对提升用户对产品的满意程度有贡献，但仅依据卡诺属性分类的人数多少就将某个设计创意点强制归为其中一类，将其归为其他类卡诺属性的人数所反映的用户对产品的满意程度信息没有得到利用。针对基于原始数据归类法存在的不足，Mike Timko 提出了一种能充分利用各卡诺属性中包含的满意/不满意信息的用户对产品的满意程度提升/损害计算方法。

从 5 类卡诺属性的定义可以看出，会提升用户对产品的满意程度的属性包括绩效属性、魅力属性和反向属性（不具有时），会降低用户对产

品的满意程度的属性包括绩效属性、必须属性和反向属性（具有时）。因此，用户对产品的满意程度提升系数和损害系数的计算公式分别为

$$\text{Better} = \frac{A+O-R}{A+O+M+I+R} \tag{3.2}$$

$$\text{Worse} = \frac{O+M+R}{A+O+M+I+R} \tag{3.3}$$

式中，A 代表 Attractive Feature，即魅力属性；O 代表 One-Dimensional Feature，即绩效属性；M 代表 Mandatory Feature，即必须属性；I 代表 Indifferent Feature，即无效属性；R 代表 Reverse Feature，即反向属性。

　　基于式（3.2）和式（3.3）可以得出，在通常情况下 Better 和 Worse 的取值范围为[0,1]。其中，Better 在 M、I、R 的值为 0 时达到最大值 1，在 A、O、R 的值为 0 时得到最小值 0。在特殊情况下，当 R 不为 0 且 $A+O<R$ 时，Better 变为负数，即产品具有某个设计创意点时，其对用户对产品的满意程度的损害度超过了其带来的提升度，这时该设计创意点对用户对产品的满意程度就没有了提升力，再计算其提升系数就失去了意义。一种极端的情况是，A、O、M、I 都为 0，所有用户都认为 R 是一个反向属性，用户对产品的满意程度提升系数为-1，用户对产品的满意程度损害系数为 1。因此，在通常情况下，当一个需求点的用户对产品的满意程度提升系数小于 0 时，这些需求点只会对用户对产品的满意程度带来损害，此时仅通过 Worse 来反映其损害度，不再考虑 Better。为了避免反向属性 R 与用户对产品的满意程度的这种复杂关系带来的问题，在计算用户对产品的满意程度提升系数和损害系数时可以去掉 R，只考虑其余 4 种属性。

　　同样地，为了更准确地判断某个属性的 Better、Worse 在用户总体中的情况，可以进一步推论统计。首先，可以看各自的置信区间（Confidence Interval，CI）处于什么范围，其计算公式为

$$\text{CI} = p \pm \text{CV}\sqrt{\frac{p(1-p)}{n}} \tag{3.4}$$

式中，p 为 Better 或 Worse；n 为调查的样本量；CV 通常为选择的置信水平（Confidence Level，CL）对应的 t 分布的双尾区间点或关键值（Critical Value），当样本量比较大时其与标准差接近，CV 可以通过查 t 分布表或使用 Excel 中的函数 T.INV.2T(probability, degree of freedom)获得，其中 degree of freedom（自由度，df）为 n-1，使用 Excel 中的函数时 probability 为 1－CL。

以表 3.1 中的数据为例，这个设计创意点的用户对产品的满意程度提升系数和损害系数分别为

$$\text{Better} = \frac{A+O-R}{A+O+M+I+R} = \frac{27+78-7}{125+78+27+13+7} = \frac{98}{250} \approx 0.39$$

$$\text{Worse} = \frac{O+M+R}{A+O+M+I+R} = \frac{78+125+7}{125+78+27+13+7} = \frac{210}{250} = 0.84$$

相应地，其用户对产品的满意程度提升系数的 95%置信区间为

$$\text{CI}_{\text{Better}} = p \pm \text{CV}\sqrt{\frac{p(1-p)}{n}} = 0.39 \pm 1.97 \times \sqrt{\frac{0.39 \times (1-0.39)}{250}} = [0.33, 0.45]$$

同理，其用户对产品的满意程度损害系数的 95%置信区间为

$$\text{CI}_{\text{Worse}} = p \pm \text{CV}\sqrt{\frac{p(1-p)}{n}} = 0.84 \pm 1.97 \times \sqrt{\frac{0.84 \times (1-0.84)}{250}} = [0.79, 0.89]$$

从用户对产品的满意程度提升系数和损害系数及其 95%置信区间可以看出，此设计创意点对用户对产品的满意程度损害的贡献大于对用户对产品的满意程度提升的贡献，也就是说当不提供这个设计创意点时用户对产品的满意程度会"大大"降低，但当提供这个设计创意点时用户对产品的满意程度仅会"小幅度"提升。

为了判断基于调查样本得到的用户对产品的满意程度提升系数和损害系数的差异是否具有统计学意义，以及能否推论到总体，有

$$p = \frac{(p_1 \times n_1 + p_2 \times n_2)}{n_1 + n_2}$$

$$SE = \sqrt{p \times (1-p) \times \left(\frac{1}{n_1} + \frac{1}{n_2}\right)}$$

$$z = \frac{(p_1 - p_2)}{SE}$$

以表 3.1 中的数据为例，计算过程及结果为

$$p = \frac{(0.39 \times 250 + 0.84 \times 250)}{250 + 250} = 0.615$$

$$SE = \sqrt{0.615 \times (1 - 0.615) \times \left(\frac{1}{250} + \frac{1}{250}\right)} = 0.044$$

$$z = \frac{(p_1 - p_2)}{SE} = -10.227$$

查标准正态分布表或使用 Excel 中的函数 NORM.S.DIST(z, cumulative)计算可知，NORM.S.DIST(-10.227, 250)<0.001。因此可以判定，假设所有用户对产品的满意程度提升系数和损害系数相同，随机抽取一个 250 人的样本，出现用户对产品的满意程度提升系数为 0.39 与用户对产品的满意程度损害系数为 0.84 的概率远小于 0.001，因此可以认为此设计创意点的用户对产品的满意程度提升系数小于损害系数具有统计学意义，可以推论到所有用户。

3.2.3　卡诺属性的可视化

基于用户对产品的满意程度提升系数/损害系数，以及提供/缺失设计创意点时用户对产品的满意程度评分结果，可以将设计创意点放在一个如图 3.3 所示的二维空间中，进而快速地了解各设计创意点在卡诺属性分类上的分布情况。

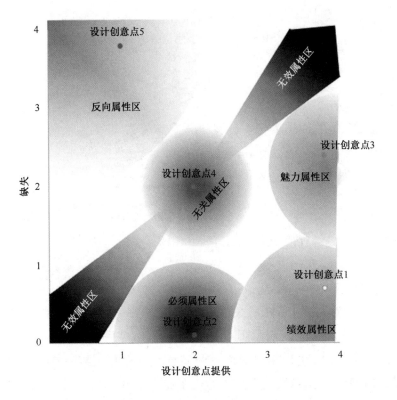

图 3.3 卡诺属性的二维空间分布

第 4 章

信息架构设计

在互联网时代，人们通过网站和移动应用等交互产品获取大量信息。这些产品通过有效的信息组织、导航、标签、搜索设计，能够为用户呈现合理、有意义的信息架构，给用户带来良好的体验。设计者在进行信息架构设计时，需要考虑用户的需求和行为，为信息建立明确的组织结构，提升产品的可用性和用户的满意度。

4.1　信息组织

信息组织的主要任务是设计信息交互产品的分类和组织方式。虽然信息是无限的，但它的组织方式是有限的。Richard Saul Wurman 在《信息结构》中提出了 LATCH 原则，通过 5 个方面对信息进行有效组织——位置（Location）、字母表（Alphabet）、时间（Time）、分类（Category）和层次（Hierarchy）。

4.1.1　位置

根据地理位置关系对信息进行聚合排列是一种精确的信息组织方式。地理位置是信息的重要特性之一，无论是旅行还是居家，用户通常会关注所在地的气候、新闻、美食、交通状况等信息。当信息的地理位置关系很重要时，产品可以使用按照位置分类的组织方式，这种组织方式能让信息呈现得非常精确、明晰。按照位置分类的组织方式有时也可以与时间因素搭配使用。图 4.1 是按照位置分类的组织方式的一个示例，在高德地图中用户可以根据与当前位置的距离来选择美食。

图 4.1　高德地图美食推荐

4.1.2　字母表

　　按照字母表顺序对信息进行组织排列也是一种精确的信息组织方式。在信息量较大或信息类型较繁杂的情况下，按字母表顺序进行信息分类是一种较好的组织方式，如日常生活中的姓名簿、商店目录等都是利用字母表顺序来组织内容的。由于字母表的排列顺序已经被人们所熟知，因此其学习成本较低，当用户需要高效地获取信息时可以选用该方式来组织信息。图 4.2 是按照字母表顺序组织信息的示例，在这些交互系统中用户都可以通过选择屏幕侧边的字母快速定位查找范围。

4.1.3　时间

　　按照时间顺序组织信息同样是一种精确的信息组织方式。由于人们习惯按照时间的线性方式去思考和归类事物，因此该信息组织方式被广泛地应用于日常生活中，如待办清单、订单列表、日记等。在信息交互产品中，当需要呈现基于时间顺序的事件时，设计者可以按照时间顺序组织信息。如图 4.3 所示的作者学生的作品 *OCOLORS* 按照时间顺序对内容信息进行了有效组织，它在个人信息页面中引入时间轴来显示一定时间范围内的事件和信息，并以可视化的方式呈现随时间的变化，以便用户更好地理解这些信息。

图 4.2　美团、支付宝中的字母表

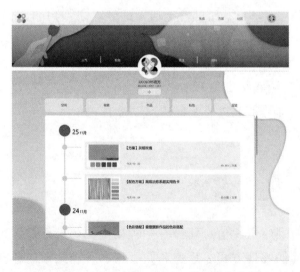

图 4.3　作品 *OCOLORS* 个人信息页

4.1.4　类别

按类别组织是指按照一定的相似性对信息进行分类。例如，内容聚合平台为推荐内容提供不同的聚类，如创意类、时尚类等。我们的大脑倾向于识别有规律、有秩序的信息，因此按照类别组织的方式可以帮助用户便捷、高效地找到所需信息。不同于前面 3 种精确的信息组织方式，按类别组织具有模糊性和主观性，因此设计者要注意用户能否正确理解分类标签所使用的术语，并通过用户测试来确定其合理性。图 4.4 是按类别组织信息的示例，场景栏目中的内容按照类别被细分为坐车、睡前、旅行、独处等场景模块，以满足用户的个性化需求。

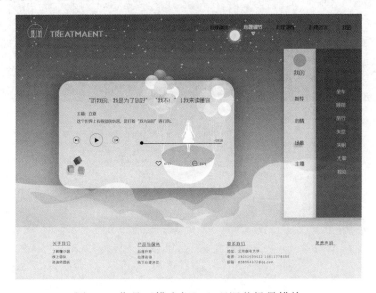

图 4.4　作品《懂小姐》心理调节场景模块

4.1.5　层次

按层次组织是指按照不同的层级关系组织信息。合理的层次设计可以帮助用户理解信息之间的逻辑关系及各信息的重要性，进而更好地选择、过滤和查找信息。在信息架构设计中，层次可以用各种方式来表达。设计者可以通过字号、字体、颜色、形状等区分不同层次的信息，也可以通过信息的位置和排列方式来表现层次关系。图 4.5 是一个通过层次关系组织信息的示例，在这个操作系统中，文件和文件夹按照层次进行组织，用户可以方便地浏览和查找文件，也可以更好地了解文件和文件夹之间的层次结构。

图 4.5　MacOS 文件管理

4.2　导航

信息交互产品的导航，如同图书的目录，能够帮助用户快速了解产品内容及其排布。合理的导航设计既能帮助用户在产品中自由畅行，又可以突出产品的核心功能。在复杂的产品中，导航可以帮助用户探索不同的功能、页面或内容，并帮助用户加深对产品整体的认知和理解。

4.2.1　全局导航

全局导航是出现在网站顶部或移动应用底部的导航条，用于显示网站或移动应用的主要功能、页面或区域，用户可以从产品中的任何位置访问它们。全局导航通常以水平导航条的形式呈现，并且在产品的不同页面上具有相同的结构和位置，以提供一致的用户体验。全局导航可以提高用户的使用效率和体验，使用户可以更容易找到所需的功能和内容，从而提高网站或移动应用的可用性和用户满意度。然而，全局导航的空间有限，可能无法容纳所有的功能和内容，设计者在实际应用时需要对其进行筛选和优化。另外，全局导航要求用户先了解和熟悉导航的结构和功能，这对新用户来说可能有一定的学习成本。此外，在移动端设备上，全局导航的空间更有限，需要设计者进行更多的优化。

图 4.6 是一个在网站中使用全局导航的示例，顶部的导航简洁明了、功能齐全，能够快速地引导用户到达所需内容。图 4.7 是一个在移动应用中使用全局导航的示例，全局导航的设计简单清晰，采用了底部 Tab 栏和顶部搜索栏相结合的方式，使用户可以方便、快捷地进行导航和搜索操作。

图 4.6　阿里巴巴官网

图 4.7　微信

4.2.2　局部导航

局部导航用于辅助全局导航，能够帮助用户快捷地访问网站或移动应用的各个部分。网站或移动应用的局部导航通常放在页面的特定位置，如页面的顶部、侧边栏、底部等。值得注意的是，设计者需要考虑局部导航的布局和排版，以确保它们不会分散用户的注意力，同时应避免它们在页面上占用过多的空间，导致页面混乱。

图 4.8 是一个在网站中使用局部导航的示例，侧边栏的局部导航包含各种商品分类，用户可以通过单击相应的模块浏览和购物，提高了用户的浏览效率。图 4.9 展示了一个局部导航在移动应用中的示例，顶部的局部导航辅助全局导航进行精细化分类，既能让用户快速了解页面中的内容类型，又能帮助用户快速找到所需要的内容。

图 4.8　京东首页

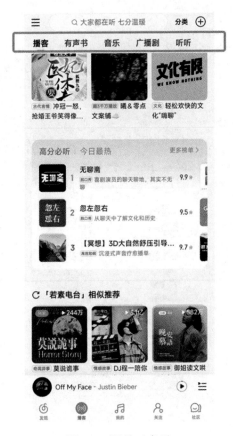

图 4.9　网易云音乐

4.2.3 情景导航

情景导航是在特定场景下提供的导航方式，其目的在于帮助用户完成特定的任务或浏览特定的内容。通常来说，情景导航会在特定页面或功能模块中出现，并根据用户当前的环境和目的来提供相应的导航和操作方式。情景导航的优点在于可以提高用户的操作效率，让用户更容易找到和使用相关功能。在特定场景下，情景导航还可以提供更加精细的操作方式，帮助用户更加方便地完成任务。然而，情景导航使用不当可能会让用户感到迷失和困惑，尤其是在复杂的应用中，设计者需要权衡好情景导航的使用场景和设计方式。

图 4.10 展示了一个网站中使用情景导航的示例，当用户在网站上浏览某款手机产品时，网站会推荐其他相关的手机产品，引导用户的浏览行为。

图 4.10　京东商城中的情景导航示例

4.2.4　面包屑导航

面包屑导航是一种辅助性导航，用于显示当前页面在网站结构中的位置，以及提示如何返回上一级页面。面包屑导航通常位于页面顶部或者页面主要内容下方，并以线性方式展示从网站首页到当前页面的路径。面包屑导航不仅提供了导航功能，还有助于提升用户对网站结构的理解。然而，在页面结构复杂的情况下，面包屑导航的路径会变得很长，不同页面的路径长度也会不一致，这可能会给用户带来混乱感。

图 4.11 展示了一个在网站中使用面包屑导航的示例，京东商城的面包屑导航分为主分类、子分类和产品类别 3 个级别，用户可以通过面包屑导航快速定位到所需的商品分类，实现快速浏览商品的目的。

图 4.11　京东商城中的面包屑导航示例

4.2.5　站点地图

站点地图是一种提供网站内容和结构的完整视图的导航方式，通过站点地图用户可以轻松地找到所需信息。站点地图通常以树形结构呈现，展示网站的所有主要内容,如主页、分类目录、文章列表等。站点地图的优点在于它可以提供一个简单的、易于访问的网站结构视图,为用户提供一种直观、快捷的方式来了解网站内容的组织结构;同时,站点地图可以帮助搜索引擎更好地理解网站结构,从而更好地索引网站内容,提升网站在搜索引擎中的排名。然而,在网站内容非常丰富、结构较复杂的情况下,站点地图很容易变得复杂、臃肿,难以有效地传达网站结构和网站内容信息。

图 4.12 是一个网站中使用站点地图导航的示例,该页面中包含了站点地图的整体结构和不同层级的链接,用户可以方便地找到他们需要的内容。图 4.13 是一个移动应用中使用站点地图导航的示例,百度地图提供了一个名为"更多"菜单的站点地图,其中包括不同的类别和选项,如公共交通、订酒店、智能旅游等,用户可以单击这些类别,展开相应的站点地图,查看其子分类下的各个选项。

图 4.12　淘宝网中使用站点地图导航的示例

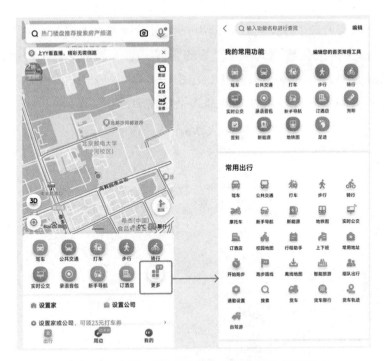

图 4.13　百度地图中使用站点地图导航的示例

4.3　标签

如果说信息组织是对信息的分类，导航是对信息的引导，那么标签就是对信息分类的描述。恰当的标签名称能够有效地帮助用户快速理解和寻找目标信息。

4.3.1　概念

标签是一种命名方式，用于在信息交互产品中向用户展示不同的信息分类，就像人们在日常生活中通过文字表达概念和思想一样，通过给不同的信息分类打上标签，可以帮助用户快速理解和寻找目标信息。例如，"个人信息"标签代表个人信息类别的内容，通常包括头像、昵称、账号等。在微信个人信息标签系统中（见图4.14），微信号、手机号等内容即该界面的标签系统，其以列表的形式呈现在界面中。

图 4.14 微信账号与安全页面

4.3.2 类型

标签主要分为两大类：文字标签，图标标签。

1. 文字标签

文字标签主要分为上下文链接标签、标题标签、导航系统标签、索引词标签等类型。

上下文链接标签是出现在文档正文或信息块中的文本，通常用于在网站的不同页面之间创建链接，这些链接依赖上下文。为了确保上下文链接标签具有代表性，设计者需要重点思考用户期望看到的信息内容。

标题标签用于在文本中建立层次结构。这种层次结构通常通过编号、字体大小、颜色、样式、空格和缩进等方式直观地建立。保持标题标签的一致性很重要，因为用户需要它们来指导下一步该从哪里开始，以及在一个完整操作流程中每一步将涉及哪些动作。

相对其他类型的标签，导航系统标签需要更高的一致性。有效的标签设计是提高用户对产品熟悉度的不可或缺的一部分，因此，导航系统标签不应随页面变化而变化。一些常见的导航系统标签包括主页、搜索、站点地图、联系我们、关于我们、新闻和事件、公告等。需要注意的是，同一个导航系统标签不能应用于不同的目的。

索引词标签通常被用作描述性元数据、分类法、受控词汇表，可用于描述任何类型的内容，如网站、页面、内容组件等。索引词标签支持精确搜索，可以使用户浏览更方便，文档集合中的元数据可以作为菜单或可浏览列表的来源。

2. 图标标签

图标标签通常被用作移动端交互系统中导航系统的标签，有时也被用作标题。由于图标标签所表达的意义比文字标签更加有限，因此图标标签主要用于导航系统或选项列表。此外，图标标签受用户的文化程度和文化背景限制，要求在设计时尽可能地采用多数用户能够理解的符号隐喻，从而压缩信息传达的空间。

4.3.3　设计原则

一致性对于标签系统非常重要，包括风格一致性、版式一致性、语法一致性、粒度一致性、理解一致性、目标用户一致性。

1. 风格一致性

风格一致性是指，标签系统在情感传达风格上的一致性。例如，在文字标签上，语义情感传达有活泼和严肃之分，同一个标签系统内标签的情感传达必须保持一致。

2. 版式一致性

版式一致性是指，文字标签中字体、字号、颜色等属性，以及图标标签中圆角、色彩等属性需要保持一致，在视觉上要强化标签的群组属性特征。

3. 语法一致性

语法一致性是指，在文字标签中，同一层级的语法应该保持一致。例如，在奶茶点餐系统中，"喝奶茶""买周边"标签中均为动宾短语，而"茶品类别"从语法角度来说为名词短语，因此不宜将它们放在同一层级。

4. 粒度一致性

粒度一致性是指，在标签中，标签对象的粒度应该保持一致。例如，某网店在同一层级标签中使用"上衣""下装""鞋袜"；如果在同一层级内使用错误的粒度，如"上衣""衬衫""短袖"，就会给用户带来困惑。

5. 理解一致性

理解一致性是指，标签所指的内容范围和顺序应该能够让用户充分理解，以帮助用户快速搜寻和推理。例如，点餐系统中标签的顺序为"米饭""汤""主菜"，就会让用户感到困惑：这家店是以"米饭"出名的吗？因此，标签的顺序应该改成"主菜""汤""米饭"。

6. 目标用户一致性

目标用户一致性是指，应该采用目标主体用户的认知表达方式。在一个主治呼吸系统疾病的医疗系统中，采用"慢性支气管炎""咳嗽""肚子痛"作为同层级标签，会让用户感到困惑。因为目标主体为"有症状的非医疗专业用户",他们不能理解这些专业名词;另外,目标主体大多患有呼吸系统疾病,而不是胃肠道疾病。

4.4 搜索

搜索是信息交互产品中经常使用的功能,它可以帮助用户快速、有效地找到想要的信息。一个设计了有效搜索模式的系统能够显著提高信息交互产品的可用性。

搜索系统通常以搜索框加搜索按钮的形式出现,允许用户使用关键词或短语来查找特定信息,并根据搜索结果的相关性和其他因素展示相关信息。虽然搜索系统经常与导航系统集成为搜索导航,但搜索导航无法提供一个明确的导航路径或内容结构,所以它不能完全替代其他导航形式。

4.4.1 应用场景

搜索功能适用于内容信息比较多的界面,但它并非界面上必不可少的元素。当内容信息较少时,搜索功能可能起不到太多实际的作用。搜索功能主要用于搜索引擎入口,以及产品信息繁多而杂乱的界面,如亚马逊网站的界面(见图 4.15)。

最常见的搜索方式是文字搜索,但随着信息技术的不断发展,搜索功能也变得越来越多样化,为用户带来了更便捷、更高效的使用体验。目前的搜索方式主要包括文字搜索、语音搜索、图片搜索,以及一些其他形式的搜索,如听歌识曲、拍照搜题等。

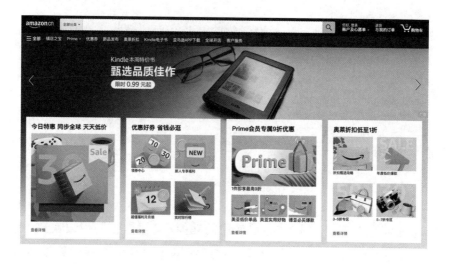

图 4.15 亚马逊网站的界面

4.4.2 视觉线索

通过视觉线索突出显示搜索框是让用户发现搜索功能的最快途径，而有效的视觉线索能够确保用户知道在什么地方寻找需要的搜索组件。

1. 放大镜图标

放大镜图标是一种常见的视觉线索，它能够让用户快速找到搜索输入框的位置。放大镜图标是人们普遍认可的搜索标志，即使没有特别说明，人们也知道放大镜图标代表搜索功能。放大镜图标设计应尽可能简洁清晰，但如果只有一个放大镜图标而没有搜索输入框或搜索按钮，用户使用起来也会非常困难。

2. 搜索按钮

在搜索输入框旁边设计一个搜索按钮可以帮助用户确认搜索内容，减少用户的认知负荷。不是所有用户都习惯使用回车键来确认操作，因此搜索按钮必不可少。但需要注意的是，要避免将搜索按钮放在搜索输入框的左侧、上方或下方，应将搜索按钮放在搜索输入框的右侧，以免影响使用（见图 4.16）。

图 4.16　搜索组件示例

4.4.3　输入特性

搜索输入框的输入特性有两点需要注意：①搜索输入框的设计风格需要与网站或者移动应用程序的设计风格匹配，同时应确保它足够引人注目；②搜索输入框要确保输入长度不会过短或过长，Nielsen Norman 团队的研究表明，容纳 27 个字符的搜索输入框可以满足 90%的用户需求。

1. 透明占位符

添加透明占位符可以提供有用的提示，告诉用户需要哪些信息。透明占位符能够帮助用户进行搜索操作，并且不会因编写错误导致搜索失败而感到沮丧，但是这些透明占位符需要保持简短。

2. 引导查询（自动提示）

用户在很多时候会忙于思考搜索结果，而无法进行适当的搜索查询操作。自动提示能够帮助用户构建查询，从用户输入的初始字符预测查询内容，并弹出自动提示。采用自动提示的目的不是使搜索速度更快，而是在用户构建查询时为其提供一些帮助，减小用户搜索的工作量，还可以减少用户搜索所需内容的次数。

3. 所在位置

绝大多数用户希望在界面的顶部中心或右上角能找到搜索功能。当访问者需要使用搜索功能时，会下意识地在界面的右上角寻找。如果将搜索输入框放置在其他位置，用户就需要付出更多的努力寻找搜索输入框。根据日常浏览的习惯，访问者首先注意到的是界面顶部。在界面顶部中心或右上角放置搜索输入框，有助于用户快速定位到搜索位置，降低用户的寻找成本。

4.5 卡片分类法

卡片分类法是一种分类整理信息的方法，旨在发现用户理解和分类信息的方式，帮助研究者设计和评估信息架构。卡片分类法的过程是，研究者提供一些标注了内容或功能的卡片，并鼓励用户按自己的理解对卡片进行整理归类（见图 4.17）。在用户参与分类过程中，研究者可以更好地了解用户的使用习惯、分类原因和价值观。通过这些信息，设计者可以改善信息的分类和组织结构，帮助用户快速找到自己所需要的信息。

卡片分类法通常用于网站或应用的导航、信息组织、菜单结构等界面元素的设计，并且适用于设计的任何阶段。

图 4.17　卡片分类法示例

4.5.1　主要类型

1. 开放式卡片分类法

　　开放式卡片分类法要求用户根据自己的理解对所提供的卡片进行分组，并为每个组创建标签（见图 4.18）。开放式卡片分类法适用于项目的定义阶段，通常被用来激发创意及定义新的信息架构。开放式卡片能够准确、灵活地反映用户的心理；但由于没有固定的标签，用户可能会有多种理解或分类，整理起来耗时耗力。

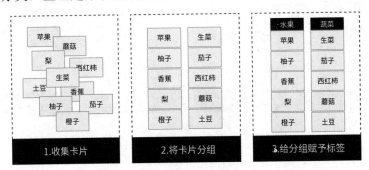

图 4.18　开放式卡片分类法示例

2. 封闭式卡片分类法

　　封闭式卡片分类法规定了确定数量和标签的组，要求用户将提供的卡片分类到既定标签的预设小组内（见图 4.19）。封闭式卡片分类法适用于项目评估阶段，以评估当前的信息架构和命名规范是否易于被用户理解。封闭式卡片分类法降低了用户分类的难度，有助于用户了解现有分类对内容的支持程度；但其不够灵活，限制了用户思维的发散。

3. 混合式卡片分类法

　　混合式卡片分类法是开放式卡片分类法和封闭式卡片分类法的结合，要求用户将卡片分类到既定标签的预设小组内，但也允许用户按照自己的理解创建新标签组（见图 4.20）。混合式卡片分类法通常用于填补信息架构中缺失的组别，降低了用户的分类难度，兼具一定的灵活性。

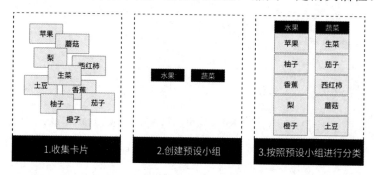

图 4.19 封闭式卡片分类法示例

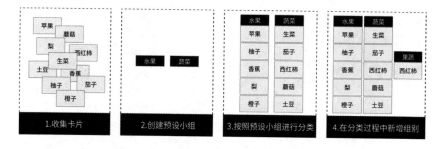

图 4.20 混合式卡片分类法示例

4.5.2 实施过程

卡片分类法的实施过程主要包括创建卡片、执行准备和执行测试 3 个步骤，如图 4.21 所示。

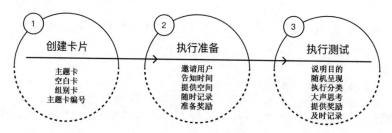

图 4.21 卡片分类法的实施过程

1. 创建卡片

首先需要创建若干主题卡、空白卡和组别卡，如图 4.22 所示。

（1）主题卡：根据测试主题准备单词主题卡或图片主题卡，每张卡片上只有一个主题。

（2）空白卡：准备若干空白卡，以便参与者自行添加主题。

（3）组别卡：考虑使用不同于空白卡的组别卡，让参与者为组别命名。

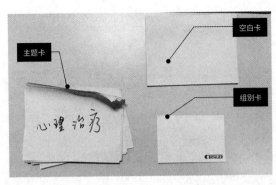

图 4.22　主题卡、空白卡、组别卡

2. 执行准备

（1）邀请用户：邀请产品的目标用户参与卡片分类。

（2）告知时间：告知参与者大致的用时，有助于参与者建立完成任务的预期。

（3）提供空间：提供足够的空间，以便参与者将卡片平铺在桌上或粘贴在墙上。

（4）随时记录：研究人员可以随时记录参与者的想法、理由或遇到的挫折。

（5）准备奖励：如果合适，为参与者准备若干小奖品。

3. 执行测试

（1）说明目的：向参与者简要说明本次卡片分类的目的。

（2）随机呈现：打乱卡片的顺序，随机呈现的信息有助于参与者根据自己的理解进行分类。

（3）执行分类：尽量不要打断参与者，并允许参与者使用空白卡添加主题，或者弃置不想要的主题卡，并补充分类，如图 4.23 所示。

（4）大声思考：鼓励参与者大声思考，有助于研究人员随时记录。

（5）提供奖励：如果合适，为参与者提供若干小奖品。

（6）及时记录：及时拍摄分类完成的主题卡，记录分组的名称、数量及主题卡。

图 4.23　用户补充分类

在具体实施卡片分类过程中通常采用以下形式。

1. 小组卡片分类与个体卡片分类

（1）小组卡片分类：由多名用户组成的小组共同对卡片信息进行分类。小组讨论可以使用户更容易理解信息，协作可以激发用户的灵感，从而可以更快地完成分类，但研究人员需要考虑小组气氛、小组成员之间的关系对小组的影响等。

（2）个体卡片分类：每个用户独立地对卡片信息进行分类。个体卡片分类能够让研究人员更深入地了解用户的思考过程，但该过程需要多次实施，整体耗时较长。

2. 纸质卡片分类与电子卡片分类

（1）纸质卡片分类：用户将分类标签写在纸质卡片上进行信息分类。用户可以轻松地移动和修改卡片，学习和执行成本很低。但是，研究人员需要花费大量时间记录、整理用户分类的结果。

（2）电子卡片分类：用户使用在线工具提供的电子卡片进行信息分类。目前，许多在线工具可以供研究人员使用，如 Cart Sort、xSort、OptimalSort、UsabilityTest Card Sorting 等。电子卡片分类在线工具有一些优点，例如，研究人员通过远程形式能够邀请到更多不便到场的用户；电子卡片分类在线工具提供的数据分析功能可以分析用户行为，并自动为研究人员创建报告；等等。但是，电子卡片分类在线工具也存在一些缺点，例如，用户需要花费一些时间来学习如何使用这些在线工具；研究者不便于远程挖掘用户卡片分类行为背后的原因；等等。

第 5 章

交互设计

随着人们对产品使用体验要求的不断提高，交互设计逐渐成为产品和服务成功的关键因素之一。有效的交互设计，可以提升用户的使用体验和满意度，从而促进产品和服务的持续发展，以及产品和服务用户口碑的提升。本章旨在探讨交互设计的核心理念、原则和实践技巧，从而提供全面、系统的交互设计知识。

5.1 交互设计的目标

交互设计的目标是，通过设计用户与数字产品的交互过程，创造良好的用户体验。设计者需要深入了解用户的需求和期望，并利用合理的设计将其转化为可操作的、易于理解的界面和交互模式。优秀的交互设计需要融合人机交互、认知心理学、视觉设计等多学科的知识和技能，以确保产品是有用的、易用的、令人满意的、有价值的、易寻找的、易访问的、可信的。

1. 有用的

有用的（Useful）是指，一款产品或服务能够有效地满足用户的需求和目标。在交互设计中，有用性是评价产品或服务成功的关键因素之一。设计者应该关注用户的需求，将其转化为产品的功能和特性，并不断测试和优化，以确保产品或服务的有用性。

2. 易用的

易用的（Usability）是指，在产品使用过程中用户能够轻松地实现其目标。易用性旨在通过提供直观的界面交互，使用户轻松地完成任务、减少出错。为了实现良好的易用性设计，设计者需要在产品开发早期就进行用户调研，了解用户的核心需求；同时采用一些测试方法和技术，如 A/B 测试、眼动测试等，不断改进和优化用户体验。

3. 令人满意的

令人满意的（Desirable）是指，用户对产品或服务的满意态度和积极反应。一个满足用户期望的产品或服务会使用户产生积极的态度和情感反应，从而增大用户使用该产品或服务的频率和持续时间。在设计过程中，设计者应考虑如何增强产品或服务的吸引力，提高用户对产品或服务的满意度，从而让用户对产品或服务产生信任感和忠诚度。

4. 有价值的

有价值的（Valuable）是指，产品或服务所提供的功能和特性能够满足用户的需求和期望，从而为用户带来实际的价值和好处。设计者在设计过程中充分了解用户的需求和期望，对于创造有价值的用户体验至关重要。当产品或服务能够满足用户的需求、为用户提供良好的功能和特性，并且使用户感到满意时，它就为用户提供了有价值的体验。

5. 易寻找的

易寻找的（Findable）是指，用户可以轻松地找到他们需要的信息或功能，而不需要花费过多的时间或精力。设计者需要充分考虑信息的组织方式、信息架构、导航设计及搜索功能，以实现信息或功能的易寻找性。

6. 易访问的

易访问的（Accessible）是指，产品或服务对于所有用户（包括老年人、残疾人和不同文化背景的人）的可达性。实现易访问性通常需要设计者考虑多种因素，如大字体、键盘导航、语音识别等，以确保产品或服务可以被尽可能多的用户使用和享受。

7. 可信的

可信的（Credible）是指，用户对产品或服务的信任程度。它是由多个因素共同影响的，包括品牌信誉、信息准确性、安全性等。例如，电子商务网站提供安全的支付方式可以提高用户对网站的信任度，从而提升用户体验感受。

5.2　交互设计的原则

5.2.1　Don Norman 的 7 个基本原则

Don Norman 提出的交互设计的 7 个基本原则，包括可发现性、反馈、概念模型、功能可见性、指示符、映射和约束。这些基本原则被广泛应用于信息交互产品中。

1. 可发现性

可发现性（Discoverability）是指，"让用户能够确定可能的操作及设备当前的状态。"设计者需要通过设置清晰的焦点、合理的视觉层次及明显的导航系统来提升交互设计的可发现性，例如，使用明显的标识和符号来指示可操作的元素。如图 5.1 所示，淘宝网首页将"登录"和"注册"按钮赋予鲜亮的橙色，提高了这两个高频操作入口的可发现性。

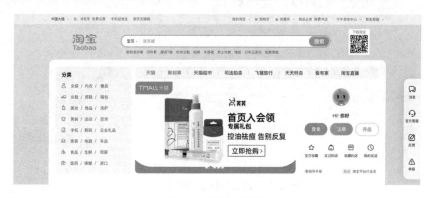

图 5.1　淘宝网首页

2. 反馈

反馈（Feedback）是指，用户在使用产品时应该及时、明确地了解每个操作的结果，以深入理解用户自身的行为与结果之间的关系。如图 5.2 所示，当用户单击"发送"按钮后，QQ 邮箱会提供一个发送结果的反馈，使用户明确知晓操作结果，从而顺利完成发送邮件的任务。

图 5.2　QQ 邮箱

3. 概念模型

概念模型（Conceptual Model）是一种用户能够理解的系统描述。设计者在开发概念模型时，需要对项目的交互方式和表征形式进行决策，以确保概念模型能够符合用户的使用习惯，让用户轻松地学习和记忆。如图 5.3 所示，用户在京东商城加购物车的操作与其在超市中购物的行为相匹配，使数字交互逻辑与物理现实逻辑衔接，从而帮助用户快速理解操作过程。

图 5.3　京东商城加购物车结果

4. 功能可见性

功能可见性（Affordance）是指，物体通过形状、大小、颜色、纹理等特征向用户提示其用途和功能。如果产品的功能可见性在交互设计中有合理的体现，用户就很容易理解产品如何使用，而无须借助产品说明书。如图 5.4 所示，饿了么网站首页将外卖点餐功能设计成一个明显的可点击的元素，并搭配相应的文本，提示就变得更加清晰。这样的设计能够帮助用户快速了解网站提供的功能和服务，有效降低了用户的使用成本。

图 5.4　饿了么网站

5. 指示符

指示符（Signifiers）是指，为用户提供明确指示，以帮助用户理解如何操作和使用产品的设计元素，如按钮、标签、图标等。良好的指示符设计能够确保产品的可发现性，并且帮助用户理解反馈，从而减少用户的困惑感。如图 5.5 所示，ARTING 365 首页顶部的搜索输入框使用了搜索图标和文本，可以帮助用户更好地辨识及完成搜索操作。

图 5.5　ARTING 365 首页

6. 映射

映射（Mapping）是指，将操作和操作结果之间的关系投射到交互界面上，让用户通过界面上的元素来理解和控制系统。良好的映射可以减轻用户的记忆负担，使用户在使用产品时更加自然、流畅。设计者可以通过空间布局和时间连续来强化映射，例如，将控制按钮的颜色和形状与其所控制对象的颜色和形状匹配。如图 5.6 所示，在 airbnb 网站中，用户可以使用滑块来直观地选择特定价格范围的房源，使得交互操作更直观、更便捷。

7. 约束

约束（Constraints）是指，通过提供物理、逻辑、语义等方面的限定，将用户的行为限制在一定范围内，从而避免错误操作的发生。例如，设计者在设计搜索输入框时，可以将搜索输入框的宽度限制在一定范围内，让用户知道输入内容需要控制在一定长度之内。如图 5.7 所示，在站酷的登录注册页面中，当用户未输入手机号或者手机号的位数不规范时，"登录/注册"按钮变成不可单击状态，使用户无法进入下一步操作，从而避免错误操作的发生。

图 5.6　airbnb 房源筛选页面

图 5.7　站酷登录注册页面

5.2.2　交互设计的 7 大定律

交互设计著名研究者 Alan Cooper 曾说："除非有更好的选择，否则就遵从标准。"在交互设计领域，有很多从研究和实践中总结出来的设计法则，能够有效地帮助设计者进行信息交互产品的设计。

1. 费茨定律

费茨定律（Fitts' Law）于 1954 年由美国空军人类工程学部门时任主任 Paul M. Fitts 提出。如图 5.8 所示，费茨定律反映了起始位置到目标物体之间的距离、目标物体的大小、运动时间之间的关系。费茨定律的数学公式是 $T=a+b\times\log_2(D/W+1)$，其中，T 是从起始位置移动到目标物体所需要的时间，D 是起始位置和目标物体之间的距离，W 是目标物体的大小，a 和 b 是经验参数。

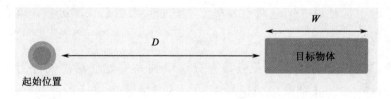

图 5.8　费茨定律示意

通过费茨定律，设计者能够对界面元素进行有效规范。例如，为了保证用户尽可能快速、准确地完成操作，控件在合理范围之内设计得越大越好，控件的位置离用户的注意点越近越好。如图 5.9 所示，在 Mac 操作系统中，用户在桌面空白处单击鼠标右键能够激活快捷菜单，该快捷菜单可以方便用户快速完成一些高频操作，有效地提高交互效率。另外，费茨定律存在一些极端情况，例如，位于屏幕边缘的控件相当于无限大的目标，因此在屏幕边缘放置控件，可以使用户的点选操作变得更快速。

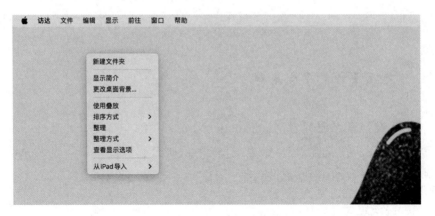

图 5.9　费茨定律示例

2. 米勒定律

米勒定律（Miller's Law）于 1956 年由 George Armitage Miller 提出，也被称为"神奇的 7±2 法则"。George Armitage Miller 对人类的短时记忆能力进行了定量研究，他发现人类的短时记忆能力为 7±2 个信息项，超过该范围后就会开始出现错误。米勒定律背后的概念是"分组"，即用户的短时记忆是以"信息块"为单元的，如果"信息块"过多，就会给用户认知带来负担。

通过米勒定律，设计者应该充分认识到人类处理信息的能力是有限的，因此，在设计导航项或选项卡时，项目的数量应尽量控制在 9 个以内。如果信息过多，设计者可以通过将信息整合分组的方式构造"信息块"，从而减小用户的认知负荷。

3. 希克定律

希克定律（Hick's Law）是指，用户做出决策的时间随着选择项的数量增多和复杂度的提高而延长。希克定律是由 William Edmund Hick 和 Ray Hyman 组成的研究小组命名的，也称为希克-海曼定律。希克定律的数学公式是 $T = a + b \times \log_2 n$，其中，$T$ 是用户做出决策需要的时间，n 是用户面临的选择项的数量，a 和 b 是经验参数。

通过希克定律，设计者应该认识到过多的选择项会延长用户做出决策的时间，因此应在不妨碍用户选择的情况下，尽可能地提供较少的选择项。设计者还应尽可能地对选择项进行分组和分层展示，以确保用户在每个层级的选择项数量在合适的范围之内。

4. 接近原则

接近原则是格式塔理论中包含的基本原则之一。接近原则指出，用户具有把相邻或相近的对象认知为一个整体的倾向。在交互设计中，接近原则表现为相互关联的功能模块之间的距离应接近，如提交按钮应紧挨着与之相关的文本框。如图 5.10 所示，作品 *OCOLORS* 的色卡排布方式就运用了接近原则，12 个色彩元素在垂直方向上间距较小，在水平方向上间距较大，因此，用户可以将其看成 4 组不同的色彩搭配，而非离散的色彩元素。

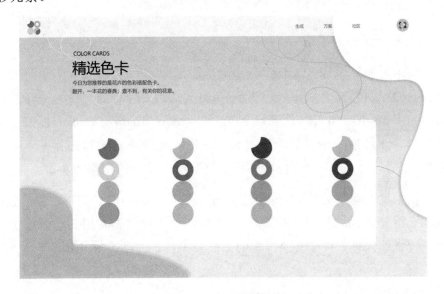

图 5.10 接近原则示例

5. 泰斯勒定律

泰斯勒定律（Tesler's Law）于 1984 年由 Larry Tesler 提出，也被称为复杂度守恒定律。泰斯勒定律指出，每个过程都有其固有的复杂性，存在一个临界点，超过临界点后就不能再简化了，只能将固有的复杂性从一个地方转移到另一个地方，如图 5.11 所示。

Larry Tesler 认为，在大多数情况下，一名工程师应该多花一个星期来减小一个应用程序的复杂性，而不是让数百万名用户多花一分钟来使用这个应用程序。泰斯勒定律还指出，让设计与编码工作承担复杂度，能够尽可能地减轻用户的负担，但无法将用户界面简化到最简状态，因为所有的过程都拥有其核心复杂度，并且其无法移除。

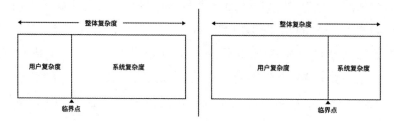

图 5.11　用户复杂度和系统复杂度示意

6. 奥卡姆剃刀原理

奥卡姆剃刀原理（Occam's Razor）是指，"切勿浪费较多的东西去做用较少的东西同样可以做好的事情。"奥卡姆剃刀原理是一种解决问题的原则，于 14 世纪由英格兰逻辑学家、哲学家 William of Occam 提出。奥卡姆剃刀原理是一种哲学世界观和方法论，对自然科学和社会科学的各个领域都具有广泛影响，也能够指导交互设计领域的工作和决策。

根据奥卡姆剃刀原理，设计者应在功能不受影响的前提下，尽可能地减少无用元素。如图 5.12 所示，必应浏览器首页仅放置常用的功能按钮，突出搜索输入框，减少其他内容的出现及干扰，删繁就简，使页面保持简洁、舒适。

图 5.12　奥卡姆剃刀原理示例

7. 新乡重夫防错原则

新乡重夫防错原则认为，大部分的意外都是由于设计的疏忽，而不是人为操作的疏忽造成的，通过改变设计可以把出错概率降到最小。新乡重夫还首次提出了防错机制的概念，他指出人们不可能消除差错，但是必须及时发现和立即纠正差错，以防止差错形成缺陷。

根据新乡重夫防错原则，良好的交互界面应在用户操作前给予清晰的提醒，在用户操作中提供状态实时感知，在用户操作完成后提供及时反馈。如图 5.13 所示，用户对一个 Word 文件未保存而单击关闭时，页面会弹出存储提醒，提醒用户该文件还未保存，以防止用户的误操作。

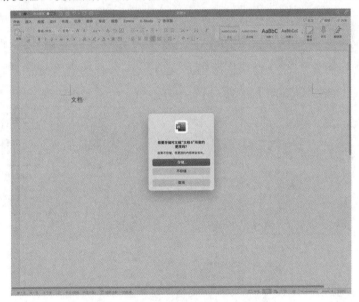

图 5.13　Word 文件存储弹窗提醒

5.3　交互元素

交互界面是由许多按照一定规则组合的交互元素组成的。在信息交互产品中，设计者不仅需要考虑交互元素的美学设计，使其在视觉上具有明显的标识和辨识度；而且要关注交互元素的互动性，包括易于触发、反馈明确、操作顺畅等。设计者需要精心考虑各个交互元素之间的关系和空间布局，并将这些交互元素组合在一起形成具有良好结构和功能的界面。

原子设计理念（Atomic Design）是一种界面构成方法论，于 2016 年由设计者 Brad Frost 提出。其核心思想是，将交互元素按照一定的规则拆分和组合，从而构建一个灵活的、可重用的、易维护的设计系统。在原子设计理念中，每个交互元素都是一个可重复使用的组件，设计者将这些组件按照一定的层级组合，能够构建出具有复杂功能和良好结构的界面。原子设计理念从构成宇宙世界的原子—分子—有机体的基础认知模型出发，将其与交互界面进行映射，从而得到交互设计系统的 5 个层次：原子、分子、组织、模板、页面，如图 5.14 所示。

图 5.14　原子设计理念的 5 个层次

5.3.1　原子

物理世界中的原子是构成物质的基础，将其映射到交互元素中，"原子"就是构成交互界面的最小组成部分，如颜色、文字、形状、按钮、输入框、标签等（见图 5.15）。单个的原子在交互界面中不具备独有的交互功能属性，但它是交互界面中最基础的组成元素，各种原子的有机组合能够构建丰富的交互系统。

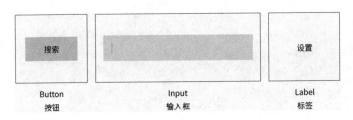

图 5.15　交互界面中的原子示例

5.3.2　分子

　　分子是由原子组合而成的，是一种相对简单的交互元素。不同的原子通过有机组合能够构成不同的、可复用的交互分子组件。例如，标签、输入框和按钮作为 3 个独立的原子存在时并不能承担完整的交互功能，但是将它们组合在一起就构成了具有交互功能的搜索输入框分子（见图 5.16）。搜索输入框分子作为一个可复用的交互组件，能够帮助用户完成搜索操作，也可以移植到界面中任何一个需要进行搜索交互的地方。

图 5.16　搜索输入框分子示例

5.3.3　组织

　　组织是由多个原子或分子组成的相对复杂的功能模块。在交互设计中，组织常作为一个功能区，如导航栏、侧边栏等，可以直接在实际应用中使用，并且具有复用性，如图 5.17 所示。相对于更基础的原子和分子，组织的功能性更具体，例如，搜索表单分子可以出现在任何需要搜索的地方（如书籍查询、商品查询、音乐查询等）；而商品详情组织的使用场景则更多为电商产品（如商品搜索结果页、商品推荐页等）。

图 5.17　组织示例

5.3.4　模板

　　模板是可重复使用的交互布局和组件结构的抽象形式，它定义了交互界面的基本结构、布局和功能，并提供了一种标准化的方法来组织和管理界面中的组件。模板可以看作一种抽象化的交互界面模型，其中包含了界面的结构、排版、内容和功能元素等基本信息，如网站标志、导航菜单、广告位、社交媒体链接等，但没有具体的内容或数据，如图 5.18 所示。这些基本信息可以帮助设计者和开发人员快速创建和定制交互界面，同时保持一致性和可重复使用性。

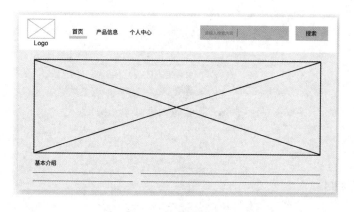

图 5.18　模板示例

5.3.5　页　面

　　页面是指具有独立功能或任务的单元，用于呈现特定的信息或完成特定的任务，也是最直接面向用户的部分。页面是模板的特例，将实际使用的图片、文本、媒体填入其中，便形成了用户最终使用的页面，如图 5.19 所示。页面的设计需要根据功能需求和用户行为进行调整和优化。例如，电子商务网站可能需要设计多种不同类型的页面，如产品列表页面、产品详情页面、购物车页面、结算页面等。每个页面都需要提供不同的信息和功能，并遵循相同的设计原则和标准，以确保用户可以轻松地找到和使用所需的信息和功能。此外，在设计过程中，设计者还需要考虑页面在不同设备和分辨率下的显示效果，这意味着页面需要具有响应式布局：页面中的布局可以根据实际情况进行小幅度调整，以便在不同的屏幕尺寸下都能正常显示，并提供一致的用户体验。

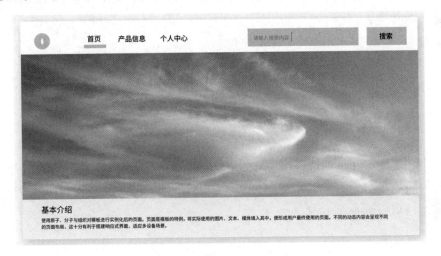

图 5.19　页面示例

值得注意的是，原子设计理念虽然将交互元素分为原子、分子、组织、模板、页面 5 个层次，但它们之间并非刻板的线性关系，也并非相互独立的关系。这就要求设计者时刻做到具体和抽象的快速切换，并能通过各个部分之间的相互影响优化抽象的结构和具体的内容。原子设计理念适用于所有的交互界面设计，而不仅局限于网页设计，深刻理解并将其付诸实践将会大大提高交互界面设计效率，并提升交互界面的使用体验。

5.4 交互布局

交互布局定义了交互元素的排布结构，在很大程度上决定了用户如何与信息产品内容进行交互。良好的交互布局能够为界面导航提供清晰的路径，它像一只无形的手，引导用户浏览页面，指引用户了解内容信息。设计者需要根据不同的产品特点选择合适的布局模式，以期为用户带来良好的体验。

5.4.1 F 式布局

F 式布局是一种比较传统的布局方式，其特点是用户在界面上的视觉动线呈现字母 F 的形状，如图 5.20 所示。研究表明，F 式布局非常符合用户的阅读习惯，因此内容型网站，尤其是文字内容较多的网站，使用 F 式布局可以高效地呈现内容。

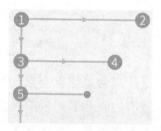

图 5.20 F 式布局

如图 5.21 所示，中国科学院计算机网络信息中心网站采取了 F 式布局，用户首先注视网站左上角的 Logo，快速了解网站；接下来视线水平右移，扫视网站的导航栏，获取网站的主要架构；然后，视线下移，按照从左到右的顺序浏览网站的主要内容。

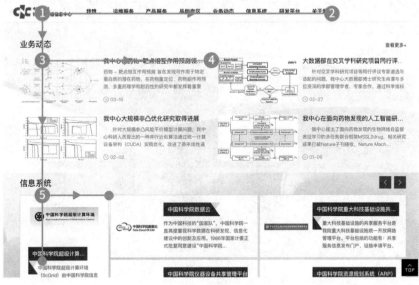

图 5.21　F 式布局示例

5.4.2　Z 式布局

Z 式布局的特点是页面信息按照字母 Z 的形状排布，如图 5.22 所示。在 Z 式布局页面中，用户的视线首先从页面左上角开始，然后水平移动到右上角，再沿对角线移动到左下角，最后水平移动到右下角。Z 式布局更适合文本内容较少的页面，如果希望用户的视觉动线呈现 Z 字形，就应尽可能地减少浏览路线上的其他障碍，避免用户分散注意力。

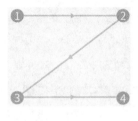

图 5.22　Z 式布局

如图 5.23 所示，作品《丁一卯二》的 Logo 放置在视点 1 处，顶部横向导航栏引导用户将视线水平右移至视点 2，页面中间的标题和图片将用户视线引导至左下角的视点 3，并按照从左到右的顺序延伸到视点 4 结束整个视觉动线。

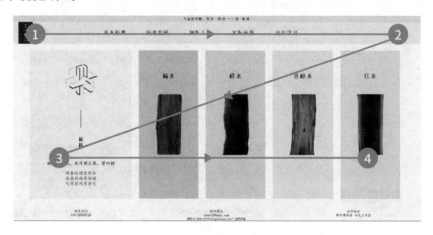

图 5.23　Z 式布局示例

5.4.3　卡片布局

卡片布局与 Material Design 的设计规范密切相关，也称为模块化布局。卡片布局更适合内容相对简单的页面，每个内容单元（文本、图像、视频、按钮）都可以通过卡片划分到相应的模块中。卡片布局要确保使用统一的设计规范。

图 5.24 中米家首页就采取了卡片布局，将家里的设备信息通过卡片的形式呈现，在卡片之间设置空白区域进行分隔，使整个页面整齐、规范。首页的卡片上提供了简单的文字预览和图片信息，为用户提供必要的信息，引导用户进行点击和互动，帮助用户快速了解设备情况。

图 5.24　米家首页

5.4.4　网格布局

网格布局是一种通过网格对交互元素进行对齐约束的布局方式。网格由许多水平和垂直的线条按照一定规律交叉而成，它能够帮助界面形成有秩序的布局，建立一种良好的秩序美感。

如图 5.25 所示，作品《有谱儿》在脸谱元素的排布上就采用了网格布局。在网格约束下，脸谱元素的边缘排列整齐、节奏感强，即使其色彩丰富也不会使用户产生杂乱无章的感觉。

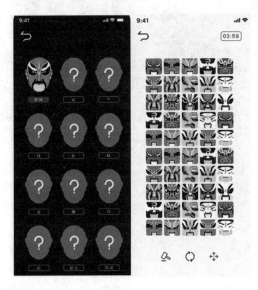

图 5.25　网格布局示例

5.4.5　杂志布局

杂志布局是将杂志和期刊的布局运用到界面设计中的一种布局方式。杂志布局适用于需要展示大量信息的网站，通过设置多个不同的内容栏将篇幅不一的文章、大小不一的图片等信息容纳在内。杂志布局通常用于新闻网站、在线杂志网站等，现在也常用于电子商务类网页。

如图 5.26 所示，爱范儿首页就采用了杂志布局，通过不同尺寸的新闻主图和标题凸显不同优先级的内容和文章。杂志布局能够让信息丰富的页面保持内容有序，同时可以增加页面的视觉趣味。

图 5.26　爱范儿首页

5.4.6　无框布局

无框布局中不存在明显的分格线和边框，而是通过控制元素之间的间距来进行设计。无框布局适用于内容、功能较简单的页面，它能够让用户的注意力聚焦在界面信息上，从而提高界面的利用率和设计感，提升设计的个性化。

如图 5.27 所示，作品《大音希声》所包含的功能较为简单，通过无框布局能够突出交互元素，从而更好地渲染画面氛围。

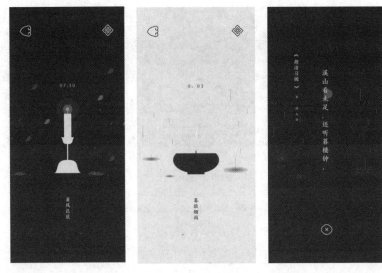

图 5.27　无框布局示例

5.4.7　对称布局

对称布局是一种严谨、规范的布局方式，能够向用户呈现一致、有序、稳定的界面特性。对称布局适用于组织结构较稳定，或者需要传递较权威、令人信赖的信息的页面，常用于企业官方网站。

如图 5.28 所示，阿里巴巴招聘网站的社会招聘网页采用了对称布局，网页主体部分采用左右对称结构，使得页面整齐规范，传达出专业、严谨的感觉，符合网站的定位。

5.4.8　非对称布局

非对称布局是一种界面元素分布不对称的布局方式。相对于对称布局，非对称布局能够产生张力和动力，更适用于有趣、有设计感的页面。非对称布局还可以提供方向上的引导，能够使用户的注意力集中在界面焦点上。

图 5.28　阿里巴巴招聘网站

　　如图 5.29 所示，作品《懂小姐》采用了非对称布局，将页面划分为不均等的左右两个部分，通过深色与浅色、文字与图画的对比突出了页面重点。

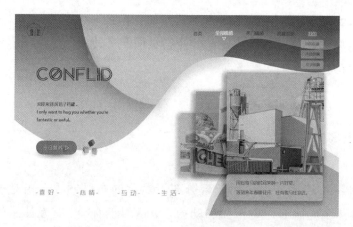

图 5.29　非对称布局示例

5.4.9 布局原则

布局原则是在设计界面布局时需要遵循的一系列准则和规范。合理的界面布局可以提高界面的可读性、可用性和可访问性，使用户能够快速找到所需信息，从而提升用户的满意度和信任度。良好的界面布局还可以减轻用户的认知负担，防止用户因为不知道该如何使用产品而产生挫败心理。本节介绍了 5 个重要的布局原则。

1. 留白原则

留白是界面布局的重要原则之一。留白不能简单地理解为界面中的白色区域，它实际上是指界面中与正空间相对的负空间。界面由正空间和负空间两部分构成，正空间是由具有吸引力的主题元素组成的区域，负空间则是由背景元素组成的区域。合理使用留白能够增强界面的可读性，同时使界面具有一定的呼吸感，极大地减轻浏览者的认知负荷。在如图 5.30 所示的作品《齐物记》中，界面背景中有大量的留白，留白的运用突出了搜索输入框及推荐搜索项的主体地位，使用户聚焦到界面的核心元素上。

图 5.30　留白原则示例

2. 亲密原则

亲密原则是指通过元素的视觉距离能够传达元素之间的关系。在界面设计中，元素物理位置的接近意味着其交互功能的关联。设计者将关系密切的元素紧密地放置在一起，同时对不相关的元素进行物理分隔，从而在视觉上形成明显的模块关系，进而提升界面的可读性（见图 5.31）。

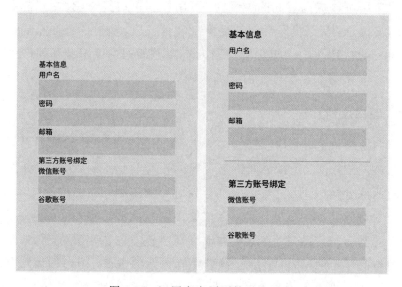

图 5.31　运用亲密原则的对比示意

3. 重复原则

重复原则是指在通过交互元素的重复和呼应来增强界面的统一性。设计者通过重复使用一种或几种主要交互元素，如配色方案或标题样式，实现界面整体风格的统一。如图 5.32 所示作品《大音希声》的界面中反复了使用居中布局和淡蓝色背景，并将位置、字体、字号相近的文字作为主要交互元素重复使用，保持了界面风格的统一性。

重复原则不仅是为了界面的美观，而且能够使界面更容易阅读。在浏览界面时，用户通过重复的交互元素、样式、布局，能够快速掌握界面功能的使用，并对界面内容层级有更深入的理解，进而对已有交互经验进行复用，降低学习成本。

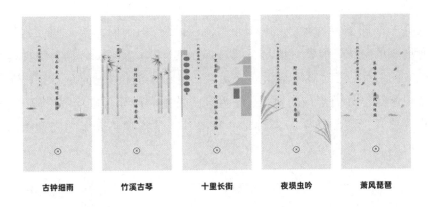

古钟细雨　　竹溪古琴　　十里长街　　夜坝虫吟　　萧风琵琶

图 5.32　重复原则示例

4. 对比原则

对比原则是指通过交互元素之间的差异来强调内容、突出重点，进而起到吸引用户注意力的作用。如图 5.33 所示的作品《懂小姐》中，背景的曲线形状与主体的直线形状形成对比，突出了主体信息内容，使界面的层级关系更加清晰。

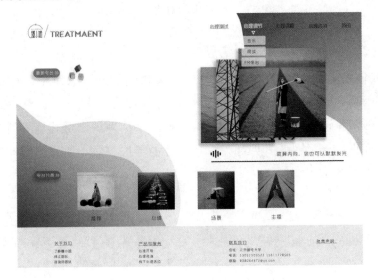

图 5.33　对比原则示例

实现对比的方式通常包括色彩对比、大小对比、形状对比、空间对比、虚实对比和疏密对比（见图 5.34）。其中，色彩对比是指不同元素在色相、明度等方面的差异而形成的对比；大小对比是指不同元素之间面积的差异而形成的对比；形状对比是指通过形状的轮廓、比例、方向等属性差异而形成的对比；空间对比是指通过元素在界面中的位置、间距、对齐方式、分布规律等差异而形成的对比；虚实对比是指利用元素之间的空隙、色彩、形状等差异形成的虚实印象对比；疏密对比是指调整元素之间的距离和数量形成的视觉密度对比。

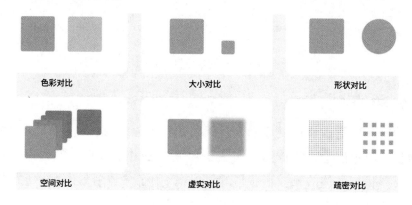

图 5.34　设计中的对比实现方式

5. 对齐原则

对齐原则是人们在日常生活中最常接触的一种布局原则。在使用笔进行书写时，人们会下意识地保持每行写作内容排列在一条整齐的水平线上。在界面设计中，对齐就是将交互元素以某种规则进行整齐排列，从而使界面保持一致性。按照对齐原则设计的界面往往是严谨规律、整齐统一的（见图 5.35）。

图 5.35　对齐前（左）和对齐后（右）的对比

5.4.10 栅格系统

栅格系统是一种常见的布局设计方法,最早起源于平面设计领域。平面设计者以方格为基础,将一个印刷版面分成上千个小方格,这就是最早的栅格雏形。栅格系统有以下优点:首先,栅格系统能够规范界面内的视觉元素,在界面内建立一种秩序;其次,栅格系统便于复用,可以减少设计者在基础布局方面花费的精力,进而提高设计效率;最后,栅格系统有助于响应式布局的实现,便于适配不同的设备。

在界面设计中,栅格系统是由列(Column)和水槽(Gutter)交替分布形成的。栅格系统的主要组成要素有列、水槽、安全边距。除此之外,栅格系统中还有两个重要概念:内容区域和网格单位。

1. 列

列是指从上到下的垂直空间区域。栅格系统常用等分列数,具体列数需要根据产品类型和内容来确定。例如,网页端栅格系统一般有 12 列或 24 列,移动端栅格系统一般有 6 列、8 列或 12 列(见图 5.36)。

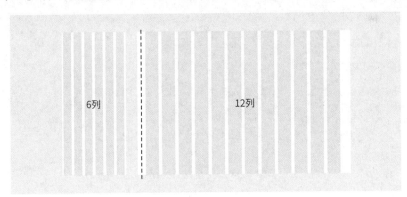

图 5.36 列示意

2. 水槽

水槽是指相邻两列之间的间距,它把控着页面的节奏。水槽越大,页面元素就越松散，就越会给人一种放松、呼吸感强的视觉感受；水槽越小，页面元素就越紧凑，就越会给人一种密集、紧张的视觉感受（见图 5.37）。

图 5.37　水槽示意

3. 安全边距

安全边距是指界面边缘保证可读性和美观度的空隙。移动端的安全边距主要是指内容两侧与屏幕边缘的距离，网页端的安全边距主要是指内容两侧的留白区域（见图 5.38）。

图 5.38　安全边距示意

4. 内容区域

内容区域是指页面中包含主体信息的部分，通常放置在屏幕中心区域（见图 5.39）。

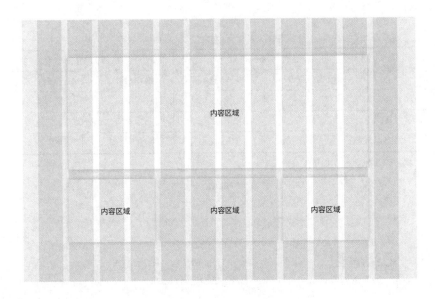

图 5.39　内容区域示意

5. 网格单位

目前，栅格系统中比较流行的是 8 点栅格系统，即以 8 点为一个网格单位建立栅格系统，使所有的元素尺寸都是 8 的倍数。8 点栅格系统流行的原因是，目前主流的屏幕尺寸都至少能在横轴和纵轴其中一个轴的维度上被 8 整除，很多时候在横轴和纵轴这两个轴的维度上都可以被 8 整除（见表 5.1）。因此，使用 8 点栅格系统来调整元素的布局、尺寸和安全边距，能够实现各设备间的无缝切换。由此可见，8 点栅格系统能够用来规范设计和开发，提高不同设备中界面视觉呈现的统一性。

表 5.1　最常用的屏幕分辨率

分辨率	是否为 8 的倍数		是否为 10 的倍数	
	横向分辨率	纵向分辨率	横向分辨率	纵向分辨率
1366×768	×	√	×	×
1920×1080	√	√	√	√
1280×1024	√	√	√	×
1440×900	√	×	√	√
1600×900	√	×	√	√

分辨率	是否为 8 的倍数		是否为 10 的倍数	
	横向分辨率	纵向分辨率	横向分辨率	纵向分辨率
1280×800	√	√	√	√
1024×768	√	√	×	×
1360×768	√	√	√	×

数据来源：W3Schools 2016 年 1 月的数据。

5.5 交互原型

交互原型是交互设计的主要产出，是设计者在了解用户需求之后，将抽象的文字需求和信息结构转化为具象的产品交互方案的结果。

5.5.1 线框图

线框图是一种低保真的交互原型设计图，它可以帮助设计者规划界面的布局和交互模式。线框图本身仅包含对功能结构的简单描述和信息布局示意，并不过多关注视觉设计元素。通过线框图的应用，设计者可以在项目实施前进行充分测试，从而降低设计迭代的成本。线框图的绘制应该遵循以下几个简单原则。

1. 使用简单的交互组件

设计者在线框图上添加交互组件时，不需要追求精美的视觉效果，选择基础的、易识别的组件即可，如常见的矩形框、圆角矩形框、圆形按钮等。

2. 设定设计规范

团队协作时，预先设定设计规范有助于降低沟通成本、提高工作效率。例如，功能相似的组件应该保持视觉一致性，否则会带来歧义，影响团队中其他成员的判断，甚至会增加额外的开发成本（见图5.40）。

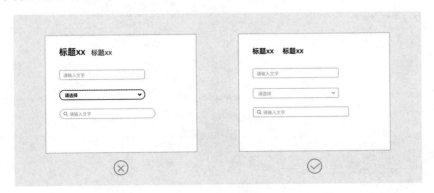

图 5.40　设计规范

3. 使用占位符，而非真实的视觉元素

在设计产品交互原型时，设计者通常无法获得真实的内容数据，因此可以采用占位符表示。如图5.41所示，界面中的图片可以采用带有交叉线的矩形表示，界面中的文本内容可以采用横线表示，界面中的视频可以用矩形和三角形组合的形式表示。

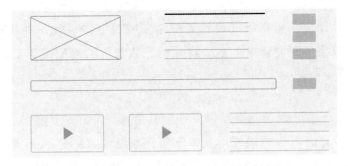

图 5.41　图片、文本内容、视频等的占位符

4. 注释线框图

信息交互产品的线框图是静态的，有时难以表现交互动作和逻辑。因

此，当设计者通过线框图无法表示完整的交互逻辑时，可以通过在线框图旁边添加批注或注释的方式进行辅助说明（见图 5.42）。

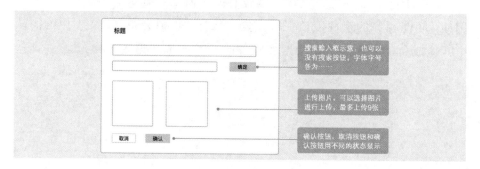

图 5.42 注释线框图示意

5. 减少颜色的使用

设计者在绘制线框图时要尽量减少颜色的使用，通常使用简单的黑、白、灰即可，这是因为过多的颜色可能会对界面层级设置产生干扰。除了黑、白、灰，设计者也可以使用彩色来突出显示特定的组件，例如，可以用红色表示错误状态，可以用黄色表示注释。

5.5.2 原型设计工具

原型设计工具可以帮助设计者快速完成线框图设计，并让设计者之间的协作和共享变得简单。本节将介绍几款常用的原型设计工具。

1. Axure

Axure 是最早的专业级原型设计工具之一。Axure 中内置了较多的交互组件，设计者可以直接使用其丰富的交互组件来创建 App 或网站的线框图。Axure 的操作也比较简单，设计者可以通过拖曳左侧工具栏中的控件元素来进行原型图的制作，而不需要绘制控件。Axure 可以实现较为复杂的交互，也支持多人协作。

2. Sketch

Sketch 是一款矢量绘图软件，也能用于交互原型设计。Sketch 的操作简单，容易理解，即使新手用户也可以快速上手。Sketch 的可用插件较多，能够帮助设计者高效地完成设计，其处理文件的速度也很快，但是它目前只支持 Mac 操作系统。

3. Figma

Figma 是一款基于浏览器的协作式原型设计工具，其支持跨平台多人协作，并提供实时自动保存功能。Figma 和 Axure、Sketch 类似，也包含了基础图形元素，便于进行原型图的创建绘制。Figma 可以在多种系统上使用，只需要分享链接即可交付，也可以单独导出原型图中的任何元素。但是，Figma 中的文字不能与图片内容进行等比例缩放。

4. 墨刀

和 Figma 类似，墨刀也是基于浏览器的协作式原型设计工具，通过云端存储实现实时同步，通过账号控制实现在各个设备终端的任意切换。墨刀支持 Sketch、Axure 文件导入，其素材也可以保存到工作区，供用户直接拖曳使用。由于墨刀是中文版的软件，因此其操作起来更方便、更快捷。但是，墨刀的素材有限，所包含的插件种类也不多，因此只适合轻量级的 App 或小型 PC 工程使用，其交互设置有待丰富。

5. Adobe XD

Adobe XD 是一款支持界面设计和原型设计的软件。它能将界面快速链接起来，生成可交互的原型文档，并设置简单的跳转效果。Adobe XD 可以支持 Mac 操作系统和 Windows 操作系统双系统运行，也包含了较多素材库。但是，Adobe XD 的功能存在一些不足，其文字工具、组件、图层样式等有待完善。

第 6 章

界面设计

　　界面设计是将信息交互产品的功能、架构、美学等要素融合到一起，从而实现整体设计目标的过程。设计者首先需要根据产品的定位来确定设计风格，然后将设计风格延伸到相匹配的色彩体系，同时考虑字体、图标、动效等设计细节，最终完成界面视觉设计。此外，设计者可以通过设定设计规范来确定界面视觉设计各个方面的标准，形成设计指南文档，以确保设计的一致性和准确性。界面视觉设计不仅是一种美学表现，也是影响用户体验的关键因素之一。

6.1　设计风格

6.1.1　拟物风格

　　追求真实质感的拟物风格通过材质、阴影、高光、纹理等技法，使设计对象的视觉表现更加接近现实世界。这种设计风格的本质是，借助用户在真实世界的经验来降低用户的认知成本和学习成本，消除用户对信息产品的"陌生感"。正如 Steve Jobs 所言："任何年龄的人，任何经历的人，都可以在拿到设备后的几分钟内轻松地掌握它的用法。"苹果公司在 2010 年发布的 iBooks 就是拟物风格的一个典型案例，其界面如图 6.1 所示。

图 6.1　iBooks 的界面

拟物风格最突出的表现手法是对材质的模拟和追求。不同材质构成的视觉元素会给用户带来不同的感受，例如，木制品给人温暖的感受，布制品传递出松软的舒适感，金属则以其坚硬和高反光的物理特性带来一种凉爽、理性、机械化的视觉感受。拟物化设计能够起到还原真实物理世界、烘托氛围的作用，有利于增强用户对界面的熟悉感，以及提升界面的亲和力。通过拟物化设计，用户可以快速地掌握信息产品的使用方法，并且提升在使用过程中的舒适度、愉悦感。

6.1.2　极简风格

随着信息产品所承载的内容日益丰富，拟物风格的缺点也逐渐凸显，如设计成本高、视觉焦点分散等。为了解决这些问题，苹果公司在 2013 年 9 月正式推出 iOS 7，彻底改变了界面设计语言。iOS 7 在视觉上不再追求纹理、透视、材质等贴近现实的物理质感，而是构建了一套信息优先、聚焦内容、简单实用的设计语言，这成为极简风格设计进程的重要推手。

极简风格的主要特点是，采用扁平化设计，不再使用高光、阴影、渐变和材质等物理质感来增强界面元素的三维效果。同时，极简风格的设计策略也更加简化，移除了对核心内容没有直接支持作用的元素。极简风格解决了拟物风格存在的诸多问题，也满足了用户对于内容呈现、效率提升的诉求。如图 6.2 所示，在苹果公司官网的 Mac 购买页面中，设计者采用了极简风格进行设计，弱化次要元素及装饰性设计语言，突出了产品本身的特点。这种方式直观、有效地传递了产品优势，起到了吸引用户注意力、增强用户购买意愿的作用。

极简风格因其良好的普适性被广泛应用，但也存在一些不足，如个性化设计空间有限、产品视觉差异较小等。为了解决这些问题，设计者们开始进行新的设计风格探索。

为什么 Mac 就是那么不一样?

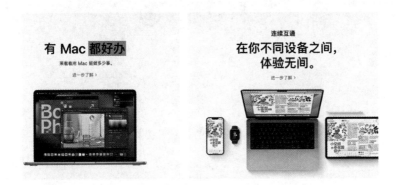

图 6.2　苹果公司官网的 Mac 购买页面

6.1.3　新拟物风格

2019 年，乌克兰设计者 Alexander Plyuto 发布了一组名为《新拟物手机银行》(*Skeuomorph Mobile Banking*) 的用户界面作品，其干净、轻盈、立体的设计风格在短时间内受到业内的广泛好评，掀起了一场新的设计风格热潮。随后，更多此类设计风格的作品相继涌现，人们将这种新的设计风格称为"新拟物风格"。如图 6.3 所示，iOS 13 中的备忘录设计就采用了新拟物风格，不同于 iOS 12 中的线性极简处理方式，新拟物风格模拟了文具的质感和视觉特征，给用户带来了更直观的使用体验。

新拟物风格可以看作介于极简风格与拟物风格之间的融合设计风格，其既保留了极简风格信息突出的优点，又赋予了元素立体的质感。新拟物风格的精髓在于对光线的绝妙运用，以及对背景色、高光色、阴影色的严谨处理，如图 6.4 所示。不同于拟物风格，新拟物风格没有延续高度装饰化，而是使用更轻盈的手法模拟现实世界，呈现出一种真实物体的微质感，给用户带来更有趣、更舒适的界面体验。

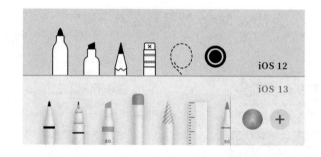

图 6.3 iPhone 中的备忘录工具设计

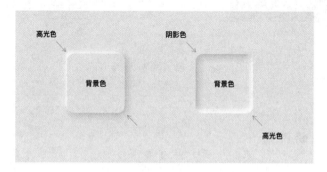

图 6.4 新拟物风格细节示意

6.1.4 其他风格

1. 卡通风格

卡通风格通常使用有趣的卡通插画元素来吸引访问者的注意力，提升访问者的愉悦感。每款卡通风格的产品都蕴含了作者强烈的个人风格，既鲜明又独特，有利于强化品牌形象。

卡通风格常用于面向儿童的信息产品或游戏类产品中。如图 6.5 所示，在健身交互产品 *Plan-F* 中，作者在界面视觉设计上采用了卡通手绘风格，打破了用户对健身这项运动的固有印象，将卡通形象与用户自身联系起来，拉近了用户与信息产品的距离，建立了用户与信息产品之间的情感共鸣。

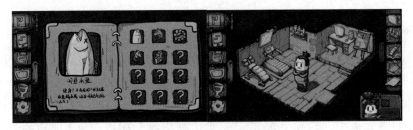

图 6.5　卡通风格示例

2. 传统风格

中华文明源远流长，中华传统文化中蕴含着极其丰富的美学元素。许多设计者从中华传统文化中获取灵感，将传统文化元素运用到当代设计中，形成了极具意蕴的视觉风格。传统风格的视觉元素灵感来源广泛，包括水墨风景、古典纹样、瓷器花纹、工笔画等，用色多选择中国传统配色，整体版式讲究平衡和协调。

云游敦煌小程序是一款以敦煌壁画文化为主题的数字体验产品，其界面如图 6.6 所示。在设计过程中，设计者们通过调整圆角、阴影、纹理、长宽比等参数，将基础矩形塑造成粗犷厚重的石块，以传达敦煌壁画历经层层敷色的厚重感。

图 6.6　云游敦煌小程序界面

3. 孟菲斯风格

孟菲斯（Memphis）风格是一种流行的设计风格，在平面设计、网页设计中都能看到它的身影。孟菲斯风格最早起源于 1980 年成立的孟菲斯设计集团，它的出现颠覆了传统设计观念。孟菲斯风格从波普艺术和装饰艺术中汲取灵感，将对立的不同元素进行拼接和碰撞，使用明快的色彩和怪诞的元素表达极具风格的视觉形式。

2017 年再度兴起的孟菲斯风格与最初的孟菲斯风格并不完全相同，其根据现代人的审美对最初的孟菲斯风格进行了改进，呈现出靓丽、潮流、极具装饰性的特点。在排版上，孟菲斯风格运用大量的几何元素，综合利用点、线、面和深色粗描边强调几何结构；在色彩上，孟菲斯风格使用高饱和度的跳跃色彩，强调颜色的存在感，形成视觉冲击力，使作品妙趣横生，营造出强烈的现代感。如图 6.7 所示，知乎在地铁中投放的广告就使用了这种夺目的视觉风格。

图 6.7　知乎在地铁中投放的广告

6.2　色彩

6.2.1　基础知识

1. 色彩三要素

「这是什么颜色？」

「它鲜艳吗？」

「它是深色还是浅色？」

当人们看到一种颜色时，这 3 个问题会率先浮现在脑海，这是人类感官对色彩最直接的剖析，帮助人类逐步建立起对色彩的完整认知。这 3 个问题对应了色彩的 3 个特性——色相、明度和纯度。这 3 个特性的灵活组合，能够演变出丰富绚丽的色彩世界。

1）色相

人类对色彩的认知往往始于色相，即色彩的本来相貌。色相是区别不同色彩的最鲜明的特质，是彩色赖以留存的基础。色彩的色相取决于波长，波长不同，色相就不同。在可见光中，波长最短的是蓝紫色，波长最长的是红色，如图 6.8 所示。

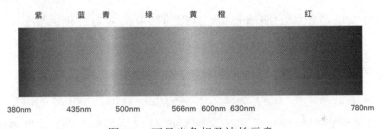

图 6.8　可见光色相及波长示意

色彩本身只是物质固有的物理特性，但人类长期生活在色彩的世界中，因此当人类积累的视觉经验与外界色彩刺激发生呼应时，就会从心理上产生某种情感上的共鸣。每种色彩都有自己的情感特征，能否把握不同色彩的意象表现，以及呈现出斑斓色彩中所蕴含的丰富情感和文化内涵，是能否成功传达产品及其品牌调性的关键。

通过人类的联想，色彩就能够表达出非常丰富的场景、情绪、意境和文化内涵。

红色蕴含着热情、斗志，是最有力的色彩。在中国传统文化中，红色也象征着吉祥和祝福，因此红色常被用于传统文化类、商业类产品的界面设计。同时，由于红色有较强的警示作用，因此其也常常作为界面中重要提示信息的用色。

黄色具有极强的感染力，传递出光明、希望、温暖的感觉，可用于食品类、慈善机构类产品的界面设计中。同时，黄色作为明度最高的颜色，常与黑色搭配，用于年轻化的时尚产品设计中。

绿色给人们带来健康、活力、充满朝气的感受，是具有生命力和安全感的色彩，可以用来诠释健康可靠的品牌。在可执行的交互行为中加入绿色的视觉设计，也能够给用户带来操作方面的信任感。

蓝色代表天空和海洋，是自由、干净、包容、理性的代表色，因此常被用于医疗、科技等产品的界面设计中。通过调和蓝色的明度和纯度而获得的深蓝色，更是由于其深邃神秘的色彩情绪，受到未来感产品设计的青睐。

2）明度

明度指的是色彩的明暗程度。色彩的明度差异存在两种情况：一种情况是同一色相加入不同比例的黑白色混合后，明度会随之变化；另一种情况是各种不同色相之间的固有明度不同，每种纯色都有与其相对应的明度。孟赛尔色系采用 11 个等级来表示明度，黑色为 N0 级，白色为 N10 级，即可以将色彩的明度简单理解为明度越高越接近白色，明度越低越接近黑色，如图 6.9 所示。在彩色中，黄色明度最高，蓝紫色明度最低，红色、绿色的明度中等。

图 6.9　明度示意

在设计用色中，明度较低的色彩多用于传达稳重、神秘的情绪，明度较高的色彩则容易给人带来清新、愉悦、年轻化的视觉感受。明度的合理搭配能够增强视觉对比，达到高效传达信息的目的，这也是衡量色彩搭配是否协调的重要维度。

3）纯度

纯度又称为彩度、饱和度等，其表示色彩的纯净程度或鲜艳程度。调和的次数及种类越多，颜色的纯度就越低；未经调和的颜色纯度最高。无彩色是纯度最低的颜色，不具有色彩倾向。在孟赛尔色系中，纯红色的纯度最高，为 14 级；黑色、白色、灰色的纯度最低，均为 0 级。

高纯度的设计作品具有强烈的冲击感，向观看者传达热情、活泼的情感，而低纯度的设计作品给用户带来的感受更加温润、柔和。纯度让色彩具有更加完整的个性和意趣，还具有协调画面视觉表现的功能。

2. 色彩模式

色彩是重要的视觉设计语言，不仅能够在视觉层面上表现出丰富的层次，而且可以起到传达信息的作用。在尝试将色彩融入设计之前，设计者应当对色彩模式有一定的理解。正确选择色彩模式能够帮助设计者更好地传达设计信息，更为生动地呈现设计效果。

常见的色彩模式有 LAB、RGB、CMYK、Index、Greyscale 和 Bitmap 等，其色彩量依次逐渐减少，色彩质量也在下降。当然，色彩质量并非选择色彩模式的唯一考虑因素，还需要考虑各种色彩模式的特性及其使用场景。

RGB 色彩模式是目前应用最广泛的颜色系统之一。通过对红（Red）、绿（Green）、蓝（Blue）3 种颜色通道叠加，创造出广泛的颜色变化（共可以表示 16777216 种颜色）。RGB 色彩模式为图像中每个像素的 RGB 分量分配一个 0~255 的强度值。例如，纯红色表示为（255,0,0），即 R 值为 255，G 值为 0，B 值为 0；白色表示为（255,255,255）；黑色表示为（0,0,0）。

这种色彩模式只存在于数字格式中，包括计算机显示器、移动设备和电视屏幕，因此 RGB 色彩模式被较为广泛地应用于网站、App、社交媒体、在线广告等数字设计场景。需要注意的是，尽管 RGB 色彩模式存在于大多数电子设备中，但在不同系统和型号上表现出的颜色效果是不同的。例如，在 MacBook 计算机上看到一幅图像的颜色与在 Lenovo 计算机上看到的同一幅图像的颜色可能会不同。

HSB 又称 HSV，是通过颜色的 3 属性，即用色相（Hue）、饱和度

（Saturation）、明度（Brightness）来表示颜色的色彩模式。HSB 也是常用于计算机的色彩模式。与 RGB 色彩模式类似，HSB 色彩模式 3 个属性的量化提供了一种将自然颜色转换为计算机中色彩的直接方法，因此在进行图像色彩校正时，往往会首先采用明度和饱和度的设置。

其他几种色彩模式在计算机界面呈现中较少被使用，设计者可以根据其特性灵活选择。

CMYK 色彩模式是一种印刷色彩模式，尽管在 RGB 色彩模式下色彩表现丰富，但并不能被全部打印出来，因此，在设计海报等包装物料时应使用 CMYK 色彩模式。

LAB 色彩模式能够在不同媒体介质之间呈现出同样鲜艳的色彩，但其无限色彩的范围特性也会为设计文件带来不小的存储负担。

Index 色彩模式通过限制图像的颜色总数来实现图像的有损压缩。因此，尽管这种色彩模式的编辑功能受限，但它仍是网站中 png 或 gif 格式图像处理的理想选择。

Greyscale 色彩模式由图像中的不同灰度组成，可以用于捕捉设计所用色调。

Bitmap 色彩模式由黑色像素和白色像素组成。由于其在屏幕上呈现出像素"锯齿"，因此常被设计者用于打造线描感或复古插画质感。

6.2.2　色彩功能

1. 提供认知体验

色彩是人们获取信息的重要感知通道，是以人们已有的感知经验为基础的。视觉感知可以使人们联系、回忆起相关事物，同时还会影响人们自身的经验、行为和大脑感受。因此，在界面信息传递工作中，我们要充分发挥色彩对感官认知的影响作用，通过色彩调动用户的感知经验和记忆，从而获取相应的信息。

图 6.10 为提供认知体验功能示例，在本书作者学生作品《百草集》中，作品创作者对四季索引卡片的色彩选择截然不同——取之于应季物象，用之于氛围渲染。这与我们生活中对不同季节的认知经验相吻合，用户从视觉上即可获知卡片代表的季节信息，有效降低了用户的认知成本。

图 6.10　提供认知体验功能示例

2. 信息区域划分

色彩在界面设计中具有划分区域、引导用户视觉、划分功能的作用。人们往往对色彩具有更强的视觉识别力。正如《视觉可用性》中所说，色彩作为战略性聚光点时，它会告诉用户该往哪里看，是吸引用户注意力的最佳工具。产品的界面通常由背景、信息卡片、文字、按钮、图标等多种视觉元素构成，巧妙利用主色调、同色系的辅助色及不同的色相能够使产品界面的逻辑架构和信息层级更加清晰。此外，通过区分色彩的色相、明度和纯度可以直观地划分界面内容，引导用户有序操作，极大地提高了界面视觉的引导性和功能性。

3. 树立品牌形象

色彩在界面设计中具有塑造品牌风格的重要作用。人们在长期生活中已经形成了对色彩的固有情感认知，每种色彩都具有自身的情感象征意义。因此，在界面设计中，利用色彩的特定情感象征意义能够提高用户对界面的感知。对界面主色调的恰当选择，不同色彩色相、明度和纯度之间的对比、调和，可以呈现出不同的界面风格，有助于准确传达企业文化和品牌理念，精准塑造产品风格。

例如，淘宝应用软件以红色系和橙色系作为界面主色调，塑造了鲜活的界面风格，能够有效刺激用户的购买欲望；而支付宝应用软件以蓝色系作为界面主色调，塑造了沉稳的界面风格，向用户传达了安全、专业、可信赖的视觉意义；网易云音乐应用软件以红色作为界面主色调和企业的品牌色，红色在大众认知中代表积极、乐观、热情、力量、充满希望，与网易云音乐应用软件的口号"音乐的力量"相呼应，符合网易公司重视人与人之间信息的交流和共享、注重凝聚力的理念。

6.2.3　色彩对比

无论是追求和谐舒适的审美意趣，还是追求跳脱大胆的视觉冲击，都能够通过适当的色彩对比完美实现。

1. 色相对比

在色相环上，每种颜色都可以作为色彩关系中的主色，形成以它为中心相对应的同类色、类似色、邻近色、中差色、对比色、互补色。色相环中两色之间的距离、角度可以表现出色彩之间的强弱关系。恰当地使用色彩关系对于信息组织和传达具有事半功倍的效果。

下面以青色为例，介绍其同类色、类似色、邻近色、中差色、对比色、互补色的形成。

（1）同类色：基色的青色与邻近的泛绿青色在视觉上十分相近，色相环角度在 15° 以内，因此称泛绿青色是青色的同类色。同类色给人以稳定、温和的感觉，可以使画面保持统一，通过色彩的明暗参差可以表现出画面的立体感。如果要突出重点信息，可以点缀对比色，增加画面的亮点。

（2）类似色：基色的青色与稍远一点的青绿色在视觉上略有差别，色相环角度为 30°，因此称青绿色是青色的类似色。与同类色相比，类似色的搭配在保持画面统一、协调的同时，能更好地呈现比较柔和的质感，调动明度、纯度的对比，使得视觉语言层次更丰富。

（3）邻近色：在色相环上与青色角度约 60° 时，呈现的绿色和青色已经有了明显的视觉差异，因此称这种绿色是青色的邻近色；蓝紫色同样是青色的邻近色，但它们仍然同属于冷色调。邻近色属于色相中的中对比，既可以保持画面的统一，又可以使画面显得丰富、活泼，有主有次的配色还能增强画面的吸引力。

（4）中差色：在色相环上与青色角度约 90° 的黄绿色已经开始有了暖色调倾向，因此称之为青色的中差色；另一侧的紫红色同样是青色的中差色。中差色之间的差异更突出，常常会产生一定的冷暖对比，让画面中的色彩脱离同质化，使视觉效果更加生动、跳脱。

（5）对比色：黄色和青色相距较远，黄色属于明显的暖色调，而青色属于明显的冷色调，黄色和青色在色相环上间隔 120°，此时黄色即青色的对比色。对比色效果鲜明、饱满，在一些作品中常用来表达随意、跳跃、强烈的主题和情感，可以较好地吸引用户的目光。

（6）互补色：橙色和青色分别位于色相环上一条直线的两端，橙色是色彩中最暖的颜色，青色是色彩中最冷的颜色，两者在色相环上间隔 180°，因此称为互补色。互补色的搭配对比最为强烈，是具有强烈感官刺激的色彩组合，常被用于表达具有极大反差的物象，以此突出界面中的视觉焦点信息。

在界面设计中，一些品牌格调比较鲜明的产品一般都使用同类色对比的方法，例如，前文提到的作品《懂小姐》中明度、纯度各异的粉紫色调。互补色对比可以让画面更具张力，更能吸引用户关注，在使用时通常遵循大调和、小对比的原则。此外，将明度相同、饱和度较高的等量互补色搭配在一起，可以使界面看起来更加鲜明。

2. 纯度对比与明度对比

色彩对比离不开纯度和明度的调和。

运用纯度对比能够让页面主次更加分明，将比较重要的元素设置为纯度较高的颜色，可以让用户优先注意。在纯色搭配中，纯度对比越弱，视觉冲击力越弱，适合长时间和近距离观看；而纯度对比越强，界面越明朗、越富有生机，画面表达越直观。

明度对比指色彩明暗程度的对比，也指色彩黑、白、灰的对比。明度对比越强，光感越强，界面主题的表达越明确。合理的明度对比可以让界面信息层级的展现更加清晰、更加直观，可以提升用户的阅读效率和愉悦感。根据视觉设计心理学，明度越低的物体越靠后，明度越高的物体越靠前，因此，在进行界面设计时，一般不会将深色卡片悬浮在浅色背景上，以避免出现不符合用户视觉习惯的情况。

3. 冷暖对比

色彩本身并无物理温度的差别，冷暖色调指的是色彩给用户心理上带来的冷热感知。暖色调常常给人活泼、兴奋、阳光、温暖、热情等视觉感受，视觉上具有膨胀性、迫近感；冷色调则给人安静、镇静、寒冷、凉爽、冷艳等收敛的内在感知，视觉上具有收缩性、退远感。

色彩冷暖感知的存在是相对的，除橙色和蓝色是色彩冷暖感知的两个极端外，其他色彩的冷暖感知都是相对的。在同类色中，含暖色调成分较多的颜色较暖；反之，含冷色调成分较多的颜色较冷。例如，在绿色中调和一点黄色会得到暖色调的黄绿色，而在绿色中增加一点蓝色会得到冷色调的蓝绿色。

4. 面积对比

6∶3∶1 原则是实现色彩平衡的最佳比例，即界面中主颜色占据 60%的面积，辅助色占据 30%的面积，而点缀色仅占据约 10%的面积。这个比例可以为设计者构建色彩平衡、整洁和谐的界面提供参考；也可以为用户带来更加舒适的视觉观感及流畅的视觉引导。另外，需要注意的是，在界面色彩搭配中最多不应超过 3 种色彩倾向，这也是保持界面配色平衡，以及避免视觉混乱的好方法。

6.3　图标

6.3.1　Logo

作为数字产品的身份象征，Logo 传达了产品的行业属性、功能作用、优势特点等信息。出色的 Logo 设计不仅要美观，更应表意明确、易于理解、贴近用户心理预期，并且方便用户快速识别和判断。

1. 设计原则

Logo 是产品的外在形象，影响着用户的第一印象和后续的使用体验。视觉传达的不断发展和产品特性的千差万别，使 Logo 的设计方式千变万化。但是，设计者们仍需要严格遵守 Logo 自身的设计准则，利用设计手段最大限度地发挥产品 Logo 的视觉传播价值。

1）识别性

Logo 作为数字产品的身份象征，识别性是其非常重要的设计原则，应表意明确、易于理解、贴近用户心理预期，并且方便用户迅速识别和判断。

2）关联性

Logo 应与产品的属性、品牌有极强的关联性，使用户在第一次接触产品时就能够初步判断产品的属性。品牌 Logo 的设计通常应兼顾产品理念、功能等多个方面，以及后续的延展设计。为了强化与品牌的关联性，很多产品直接选用品牌 Logo 作为应用图标主视觉，即便有些 Logo 较为复杂，也通常会通过提取局部元素、吉祥物、主题色等方式强化产品 Logo

属性，使用户形成清晰的、统一的品牌认知。

3）差异化

在当今应用市场中，产品种类繁多且数量巨大，这给设计者带来了很大的挑战。同行业的 Logo 设计同质化相当严重，因此设计者必须进行客观分析，在视觉美观和表意准确、独特的基础上，突出产品的特点和差异，以在繁杂的应用市场和产品界面中脱颖而出，给用户留下深刻印象，并避免设计的同质化。

4）可用性

可用性测试是检验 Logo 设计是否可行的最后一步。在 Logo 设计完成后，组建相关的测试小组进行内部测试；在产品上线后，积极进行用户调研，收集意见和反馈。可用性测试主要针对图标的吸引力、可识别性、差异化等问题，确保 Logo 在不同场景下都能被用户清晰识别，并能有效地提升用户对产品的印象。

2. 常见类型

1）抽象型 Logo

抽象型 Logo 由基础几何图形及其变体进行叠加、相减复合构成。抽象型 Logo 的突出优点是简练、理性，更容易被识别、被复制。

（1）规则图形 Logo。

几何图形的设计主要通过独立、组合、布尔运算等方式形成。这种设计给人简约、现代、个性、富有空间感等视觉感受。从单个具象图形到复杂的空间感营造，几何图形的表现形式非常丰富，规则图形 Logo 示例如图 6.11 所示。

看理想   轻颜相机   扇贝单词

图 6.11　规则图形 Logo 示例

（2）不规则图形 Logo。

不规则图形 Logo 通常通过提取品牌信息、产品服务、功能模块等关键词进行创意，对品牌进行了高度提炼。这种不规则图形 Logo 通过暗喻的形式传达品牌文化和产品特点，品牌独特性较强。图 6.12 为不规则图形 Logo 示例，作品《潮汐》的 Logo 通过 3 层不规则类圆形传达出禅意、缥缈等感受，很好地传达了品牌文化。

幕布　　　　　　　潮汐　　　　　　　央视频

图 6.12　不规则图形 Logo 示例

2）具象型 Logo

图形符号与产品的某种性质具有共通性，借助具象图形所象征的意义进行 Logo 设计，认知成本较低，也更容易给人带来亲切感。图 6.13 为具象型 Logo 示例。

iOS—计算器　　　　京东　　　　　　站酷

图 6.13　具象型 Logo 示例

（1）拟物化。

为了更加清晰地传达产品的某项功能和服务，拟物化是比较常用的表现手法。例如，计算器、时钟、导航等直接提取相关联的图形元素进行设计，能够清晰、直接地传达产品信息，降低用户的认知成本。

（2）动物或卡通形象。

动物或卡通形象这种可爱、亲和的具象造型具有趣味性和情感化，能够有效地吸引用户的注意力，拉近了产品与用户的距离，赋予了产品丰富的生命力。同时，它的视觉表现力更强，在推广方面也更加灵活、更加富有想象力，是满足消费者心理和审美需求的一种有效方式。

（3）拟人化。

用户对人体元素敏感度更高，因此拟人化的设计更亲民，便于拉近产品与用户的距离。在拟人的图形上适度加入动作、表情等情感化的表达，能传达不一样的情绪，可以生动、形象地体现产品独有的特性。

3）文字型 Logo

文字型 Logo 的核心概念是以汉字、字母或数字为主体进行字体设计或图形设计。利用人们对汉字或字母的敏感度，再结合品牌视觉颜色，容易使人们对产品产生联想，降低用户的认知成本，提高品牌的推广效率。

（1）中文文字型 Logo。

中文文字型 Logo 的主要设计方式是先提取产品中最具代表性的独立文字，或者直接运用品牌名称，再对文字笔画、整体骨架及间距关系等进行设计调整，使整体文字更具图形化和设计感，使 Logo 更符合产品特性及更满足视觉差异化要求。图 6.14 为中文文字型 Logo 示例。中文文字型 Logo 以其高度的识别性和低廉的认知成本，获得了极高的利用度，但要注意避免陷入缺少视觉差异的困境。

支付宝　　　　　　　头条　　　　　　　小红书

图 6.14　中文文字型 Logo 示例

本书作者学生作品《将进酒》是一个以传统酒文化为主题的网站，网站的 Logo 在"酒"字基础上进行设计，设计理念如图 6.15 所示。"酒"字分为两部分："氵"和"酉"，对"氵"进行联想和图形化处理：将正负形的设计方法与水滴的形态结合，使 3 个水滴巧妙地关联在一起；利用中国传统纹饰和窗花形态的灵感，使用直线保持"酉"的文字特征，在确保识别性的同时营造出传统文化的氛围，契合网站的气质风格。

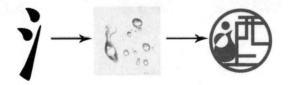

图 6.15　作品《将进酒》中文文字型 Logo 设计理念

（2）字母型 Logo。

与中文文字型 Logo 类似，字母型 Logo 通常提取品牌名称首字母或产品英文名称进行设计。英文字母相对简洁，并且字母数固定，设计者为了提高品牌视觉差异化，通常会在字母的基础上组合图案和图形进行创意扩展。在如图 6.16 所示的字母型 Logo 中，抖音用小写的首字母"d"与音乐音符相结合，bilibili 将英文名称叠加于电视抽象图形的背景之上。字母与图形的创意设计，可以使应用图标视觉表现更加饱满，丰富了应用的视觉层次和表现力，提高了品牌的认知度和独特性。

图 6.16　字母型 Logo 示例

（3）数字及特殊符号 Logo。

数字及特殊符号本身具有很强的属性和含义，能够较好地诠释关联的产品属性。如图 6.17 所示的百词斩、数字人民币、中国铁路等产品的 Logo，就使用了数字及特殊符号。在使用数字或特殊符号设计 Logo 时，由于数字及特殊符号结构较为简单，一般需要进行再设计，增加细节、丰富层次。但是，数字及特殊符号针对性较强，与品牌和产品的属性关联性、契合度较难控制，因此在实际设计中不常使用。

百词斩 数字人民币 中国铁路

图 6.17　数字及特殊符号 Logo 示例

3. 表现手法

1）对比

对元素的大小、长短、虚实、稀疏、方向，以及不同的色彩、明暗关系等进行对比，可以形成强烈的反差效果，兼具张力和美感，是 Logo 设计中很常见的表现手法之一。对比手法 Logo 示例如图 6.18 所示。

图 6.18　对比手法 Logo 示例

2）对称

对称在自然界中随处可见，在设计中广受欢迎。Logo 中的主体图形以对称的方式呈现，能给用户带来平衡、和谐的感觉，也能让 Logo 更具有观赏性。对称手法 Logo 示例如图 6.19 所示。

图 6.19　对称手法 Logo 示例

3）分割

将 Logo 中的主体图形分割，并赋予不同的颜色、样式等，明确层级划分，可以提升 Logo 的美感。分割手法 Logo 示例如图 6.20 所示。

174

图 6.20　分割手法 Logo 示例

4）重复

相对于单调的图形，将相同或相近的图形以某种规律连续性排列，能够使视觉效果更加饱满。重复的表现手法以大小、色彩、位置、形状等为出发点，并对其进行有序的排列，最终形成一种规律的、整齐的节奏感和艺术感。重复手法 Logo 示例如图 6.21 所示。

图 6.21　重复手法 Logo 示例

5）正负形

正负形是 Logo 设计中比较常用的表现手法之一。它以正形为底，突出负形特征，用负形表达产品属性。利用正负形设计的 Logo，图形设计感较强，可以更加充分地传达产品特征和服务。正负形手法 Logo 示例如图 6.22 所示。利用正负形设计 Logo 要求设计者有很强的能力，必须流畅地完成正负形的衔接，清晰地表达产品特征。

图 6.22　正负形手法 Logo 示例

6.3.2　Icon

Icon 是图形界面的重要组成部分，是界面设计者和用户都能理解的语言。Icon 的设计要求是简单、直观、一致，注重功能语意传达，保证用户能够在极短时间内完成识别并做出判断。Icon 设计所追求的简单性、直观性、隐喻性的理想状态是，永远不需要用文字来告诉人们他们看到了什么。为了达到这个理想状态，人们对 Icon 设计的要求不断提高，设计规范也更加严格，因为设计不当的 Icon 非但不能提高用户的认知效率，反而会影响用户的操作流程，甚至造成误操作。

1. 设计原则

在尺寸有限的界面上，小小的 Icon 可以更加简单、高效地表达含义，为用户带来正确、友好的指引。怎样把图标设计做得更好，可以参考以下设计原则。

1）识别性

Icon 的设计目的是帮助用户理解信息，因此识别性是 Icon 最重要的特征，尤其是在没有文字说明的情况下，一定不能让用户对 Icon 产生疑惑。识别性可以分为含义识别性和视觉识别性。含义识别性是指将文字语言替换为视觉语言，让 Icon 可以被用户理解，不产生歧义；视觉识别性是指通过大小、颜色、线条等影响视觉的因素提高 Icon 的视觉识别效果。

2）规范性

在进行 Icon 设计时，需要建立统一的设计规范来确保每个 Icon 具有统一的视觉表现，提高用户的操作效率，降低出错率。可以借助图标栅格建立清晰的内容轮廓边界，规范 Icon 的大小，利用关键线保证 Icon 的统一性，降低设计过程中比例调整的成本等。

3）统一性

统一性是设计好 Icon 的基础，主要体现为设计方法、视觉大小和细节的统一性。同一套 Icon 应该用同样的设计方法以同一种风格呈现。在视觉大小方面，设计者应当在同等尺寸的基础上分析形状间的视觉差异，审视 Icon 在视觉上是否达到了大小统一。Icon 的设计细节包括像素是否对齐，以及圆角大小、描边粗细、倾斜角度及端点是否统一等，这些在绘制 Icon 时都需要格外注意。

4）品牌感

Icon 的设计要与品牌理念相符，传达给用户稳定、一致的感受，可以通过吸取品牌色、提取品牌元素、采用品牌吉祥物和品牌图形等方法来提炼品牌基因。设计者应试着从品牌设计的角度去理解产品，寻找自身产品独特的气质，并利用合适的表现手法将产品的品牌元素融入界面设计中。

2. 常见类型

1）极简风格

极简化的核心就是放弃装饰效果，强调抽象、极简、符号化，通过干净利落的边界使界面看起来简洁、整齐。极简风格的出现和流行迎合了形式服务于功能的设计理念，使用户留意更加有效的信息。但是，极简风格也存在较明显的缺点，如界面设计略显单一、冰冷，高度的抽象化和简单化也在一定程度上降低了识别度。不过，随着设计的不断发展，渐变、叠加等形式的出现在一定程度上缓和了这些缺点。

（1）线性图标。

线性图标主要通过线条塑造轮廓来进行视觉表现。通过改变线条的粗细、颜色、缺口等创造出多种设计风格，此类设计如图 6.23 所示。其特点在于简洁、干练、识别度较高，简单的线条元素对视觉进行了降噪，没有过多干扰性。线性图标常用于标签栏、功能模块、后台系统侧边栏等。

图 6.23　线性图标示例

（2）面性图标。

面性图标采用剪影的设计形式，通过面切割基础轮廓面，利用分型来塑造图标的体积感。如图 6.24 所示，相对于线性图标而言，面性图标可以通过色彩填充、形状组合、质感刻画、阴影等更多设计方法提高图标的视觉表现力，使其更加丰富饱满，更好地吸引用户的注意力。面性图标一般用于金刚区[1]或导航栏选中部分等。

图 6.24　面性图标示例

（3）线面结合图标。

在通常情况下，根据产品特征和使用场景的不同，线面结合的图标采用线条勾勒外形轮廓，且内部填充形状和颜色，或者采用线面错位的设计形式。如图 6.25 所示，线面结合图标设计既具有线性图标的识别性，又具有面性图标的视觉丰富度，通常用于金刚区、功能模块或导航栏选中部分等。

图 6.25　线面结合图标示例

2）拟物风格

拟物风格的图标主要通过材质、细节、质感和光影等模拟现实世界

---

1 金刚区：一般位于首图 Banner 之下，属于页面的核心功能区域，通常以宫格的形式排列展现 5～10 个功能图标（一屏）。

中的物品造型，塑造出图形的立体效果，直接反映和投射现实，有很强的代入感，能让用户快速领会图标所传达的意图及气质，也非常考验设计者的造型绘制和技法表现能力。但是，拟物风格的图标的信息元素复杂度高、视觉效果突出，非常抢眼，在页面中频繁地出现会干扰其他信息。因此，它仅在游戏类应用中普遍使用，如图 6.26 所示的《炉石传说》界面。

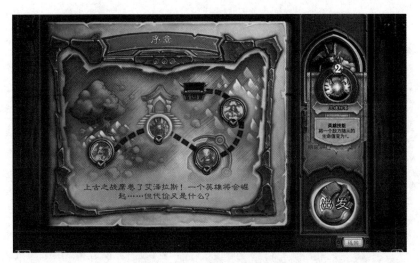

图 6.26　拟物风格的图标示例

3）新拟物风格

新拟物风格可以看作极简风格与拟物风格的融合，既突出了有效信息，又赋予了元素立体质感。它的精髓在于，通过对光线的绝妙运用来模拟介质的状态，通过对背景、高光、阴影的严谨处理来形成立体的"浮雕"效果。元素边缘的处理既具有厚度感，又不失柔和性，如图 6.27 所示为新拟物风格的作品 *Skeuomorph Mobile Banking*。不同于拟物风格的是，新拟物风格舍弃了物体纹理和装饰元素，用更轻盈的手法模拟现实世界，呈现出真实物体的一种微状态，给用户带来新颖、有趣的界面体验。但是，新拟物风格的图标设计还具有一定的试验性，其对色彩的克制使用降低了图标的可识别性，使得视觉层级关系相对模糊，应用场景还比较有限。

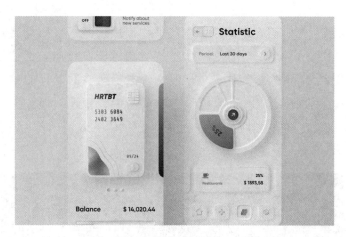

图 6.27　新拟物风格的作品示例

6.4　文字

文字不仅是信息传递的重要载体，而且是信息交互产品中必不可少的视觉符号。文字的设计不仅影响信息传播效果，还直接影响页面的视觉美感。

6.4.1　基础知识

字体是指文字的外在特征，不同字体的笔画粗细、结构、形态等都各有不同。字体分为中文字体和西文字体两种类型。常见的中文字体有宋体、黑体、仿宋体等；常见的西文字体有 Times New Roman、Arial Black 等。根据特点不同，字体可以分为以下 5 个系列。

1. 衬线字体

衬线字体是指有边角装饰的字体。衬线字体强调每个笔画的开始和结束，易读性较强。此外，衬线字体强调笔画的走势及前后联系，具备更好的连续性，能够有效地避免阅读错误和视觉疲劳。

宋体与 Garamond 字体分别是典型的中文衬线字体和西文衬线字体，如图 6.28 所示。宋体具有字形方正、横细竖粗、撇如刀、捺如扫等特点，便于识别。Garamond 字体兼具美观性和易读性，被誉为"衬线之王"，西方文学著作常用 Garamond 字体作为正文字体。

宋体　Garamond

图 6.28　常见衬线字体示例

2. 非衬线字体

非衬线字体是没有边角装饰的字体。非衬线字体笔画的粗细基本相同。由于非衬线字体的结构简单，在同等字号下，非衬线字体看上去要比衬线字体更清晰，因此其更加适用于分辨率较低的电子屏幕和移动设备。

黑体和 Arial 字体分别是典型的中文非衬线字体和西文非衬线字体，如图 6.29 所示。黑体具有横竖粗细一致、方头方尾的特点，文字浑厚有力、朴素大方。Arial 字体的字形干净、清晰，易于辨认。

黑体　　Arial

图 6.29　常见非衬线字体示例

3. 等宽字体

等宽字体是字符宽度相同的字体。等宽字体的每个字符都制作成一样的宽度，每个字符的水平空间量感相同，可以很好地控制排版对齐。东亚语言中，方块字基本上都作为等宽字体处理，如汉字、日语假名的全形字符、韩语谚文音节等字符都是等宽的。Courier 字体和 Monaco 字体是常见的西文等宽字体，如图 6.30 所示。

Courier Monaco

图 6.30　常见的西文等宽字体示例

4. 手写字体

手写字体，顾名思义就是模仿手写风格的字体。典型的手写字体如图 6.31 所示，包括西文的 Comic Sans MS 字体及中文的行书、草书等。手写字体个性鲜明、风格多样，极具观赏性。但是，手写字体的字符识别较困难，不利于阅读，因此通常用于标题或 Logo 部分。

Comic Sans MS 汉仪行楷简

图 6.31　常见的手写字体示例

5. 装饰字体

装饰字体极具个性和艺术性，能够起到较强的装饰效果，多用于创意性的标题设计，视觉效果如图 6.32 所示。但是，装饰字体独特的个性必然会影响文本的可读性，因此它不适宜作为正文字体。

汉仪滇黑 ANAGRAM

图 6.32　常见装饰字体示例

6.4.2　字体风格

"字如其人"，是指一个人的字迹可以在一定程度上反映其性格。信息交互产品也是如此，用户能够通过产品使用的字体初步判断该产品的风格。常见的字体风格主要包括以下 6 种类型。

1. 现代风格

现代风格的字体多为非衬线字体，这类字体没有装饰性的元素，风格简约。最具代表性的案例就是苹果公司官网的字体，其首页如图 6.33 所示，字体简洁工整、可读性强，诠释了苹果公司的极简设计风格，具有前卫、时尚的现代感和科技感。

图 6.33　苹果公司官网首页

2. 卡通风格

卡通风格的字体主要用于面向儿童的产品。使用卡通风格的字体，可以营造出稚拙、可爱的产品风格。故宫博物院出品的《皇帝的一天》是一款面向儿童的教育类应用，界面设计如图 6.34 所示，标题部分使用卡通风格的萌化字体，能够更好地吸引孩子们的兴趣，达到寓教于乐的目的。

图 6.34　《皇帝的一天》引导页

3. 女性化风格

女性化风格的字体多使用衬线字体。这是因为女性化风格的字体强调装饰性，而衬线本身就是一种装饰元素。纤细秀美的笔画和粗细不一的线条结合在一起，显得韵律十足。美妆品牌花西子的 Logo 选用古典色彩搭配衬线字体，如图 6.35 所示，兼具简约与古典之美，传达出独特的女性韵味，让无数女性爱不释手。

图 6.35　美妆品牌花西子的 Logo 字体

4. 传统风格

书法是中国传统文化中最有代表性的符号，具有苍劲古朴的风格特征。在中国风的网页设计中使用书法字体，可以使用户感受到独特的民族文化。中国古代的文字通常自上而下成行、自右向左换行，运用竖排的布局方式可以使界面呈现出中国传统文化的古典气息。

故宫博物院出品的《紫禁城祥瑞》是一款揭秘紫禁城中各种祥瑞符号的教育类应用。《紫禁城祥瑞》主界面以竖轴的工笔大图自上而下展示了龙凤、麒麟、仙鹤等祥瑞符号，单击即可显示该祥瑞符号的详细介绍。《紫禁城祥瑞》详情页参考中国古代书籍和卷轴的形式排版，采用颇具中国风的书法字体，字里行间无不展现出古典的东方气质（见图 6.36）。

图 6.36　《紫禁城祥瑞》详情页

6.4.3　文字设置

1. 字号

网页中字体的字号可以用两种单位描述，px 和 em。其中，px 代表像素单位，表示字体的绝对大小；em 代表相对长度单位，表示字体的相对大小。像素单位可以方便、直观地描述字体的大小，例如，10px 就表示字体占据 10 像素空间；而相对长度单位表示的字体大小并不固定，例如，浏览器默认的字体大小为 16px，如果对一段文字指定 1em 的相对大小，那么字体表现的绝对大小就是 16px，同理，2em 的相对大小对应的字体表现的就是 32px 的绝对大小。

设计者在设置字号时应考虑文字在网页中的阅读性和美观性。大号文字能起到强调、突出的作用，一般用于标题文字；小号文字则适用于正文或辅助信息。

2. 粗细

不同字体的笔画粗细有明显的区别。笔画较粗的字体能够传递力量感，更易识别；而笔画较细的字体更具有文艺气息，也更美观。

同一种字体也具有不同的字形粗细，即字体重量，简称"字重"。在页面中，一种字体可能会在标题、正文、说明注释等不同内容下使用，单一字重不能很好地满足需求，于是衍生出了同一个字体的不同字重。如图 6.37 所示为"阿里巴巴普惠体 2.0"的不同字重展示。

阿里巴巴普惠体2.0 – 35 Thin
阿里巴巴普惠体2.0 – 45 Light
阿里巴巴普惠体2.0 – 55 Regula
阿里巴巴普惠体2.0 – 65 Medium
阿里巴巴普惠体2.0 – 75 SemiBold
阿里巴巴普惠体2.0 – 85 Bold
阿里巴巴普惠体2.0 – 95 ExtraBold

图 6.37　"阿里巴巴普惠体 2.0"的不同字重展示

3. 间距

间距包括字距、行距、段距等，它能直接影响浏览者的视觉体验和心理感受。设计者可以通过设置字距对文字的密度进行调整。

行距通常是根据字体大小来定义的，在 Word 中常看到双倍行距、单倍行距和 1.5 倍行距的选项；而在网页上行距的单位通常用 em 表示。以 1.5em 的行距为例，字号 16px 的字体，1.5em 行距就是 24px。

段距的设置应考虑文章长度。例如，文章篇幅较短，就不需要很大的段距；而当文章篇幅较长时，就需要利用段距把握文章的节奏，使文章更有层次、可读性更高。

6.4.4　文字色彩

1. 对比度

为了保证信息的可读性，页面的文字和背景应具有一定的对比度，否则会影响读者的阅读体验。正文部分的字体通常使用黑色或白色，如白底黑字、黑底白字等。除正文以外，标题、导航栏等文字的颜色均可灵活处理，常用的方法是从网站 Logo 中提取颜色。

花瓣网的素材分区页如图 6.38 所示，白色背景上多使用黑灰色文字，以保证信息的可读性；卡片、按钮上的文字信息多呈现白色或网站主题色，在引人注目的同时能表现出控件的可点击性。

图 6.38　花瓣网的素材分区页

2. 特殊色

此外，网页中还会出现 1～2 个链接色。链接色是站点根据主题风格设定的颜色，没有固定的色值，常见的链接色是蓝色。这是因为相较于其他颜色而言，蓝色的普适性更强，几乎可以用在任何场景，对于色盲人群也更加友好。需要注意的是，正文部分的字体应避免使用特殊色，网页中如果有一段蓝色的文字，会让用户误以为是可以点击的超链接。

6.5 视觉吸引

一个能让用户快速理解的信息交互产品，层次分明的视觉吸引设计是非常重要的。本节将从具体设计形态着手，详细探讨如何通过增强视觉吸引让用户获得更优的体验。

6.5.1 弹出框

弹出框（Popup Box）是指，通过产品自身触发或者用户交互动作触发的，悬浮于原有页面上方的窗口式设计。触发后，用户可对弹出框进行关闭操作。弹出框的交互模式非常适合作为信息交互产品的提示和引导，通常被用于实现消息/内容提示、问题/错误提示、内容详情、操作判断等。弹出框典型的设计形态是，弹出框+半透明蒙版背景。在设计弹出框时，应注意尽量保持弹出框内承载内容言简意赅。

6.5.2 交互引导

交互引导是一种指引用户进行交互动作来掌握产品操作方式的引导设计。当用户第一次打开应用或浏览某个页面时，交互教程会自动展示，通过图文说明或重复动效、箭头指引及交互触发，帮助用户更快上手产品。有趣的交互教程设计能够有效提高用户体验。另外，为了让交互教程的引导更加通俗易懂，设计往往采用半透明蒙版背景+操作说明的表现方式。

6.5.3　提示

提示可以出现在屏幕的任何位置，它比对话框更能融入使用情景。除主页面外，提示也可以用于其他页面，单击页面内的任意区域，即可关闭提示。提示通常用于简单信息提示或功能说明，如图 6.39 所示。

图 6.39　去哪儿 App 提示

有趣的是，在如今的移动应用中经常能够看到提示的延伸。设计者在其对话框形式的基础上，将聊天气泡挂件的样式及明亮鲜艳的色彩与按钮等界面元素相组合，用于突出某个强视觉吸引的信息点。

在设计时应注意以下几点：提示应尽可能靠近指向对象，与功能建立起关联；提示所承载的内容应言简意赅；当用户开始触发交互动作后（如触碰屏幕或点击），提示应自动消失；提示整体颜色要和界面形成对比。

6.5.4　微动效

我们通常期望自身以外的事物或人能够按照我们想要的结果移动或改变，即使只是发生非智能的变化。这样我们不仅会感觉到它具有生命力，而且会潜意识地认为它可以进行互动。动画在页面中便扮演着这样的角色，其相比静态图片更能吸引用户的注意力。

用户使用 App 时，在操作后得到及时反馈是最基础的交互需求，如果能够以更加生动活泼的方式进行响应，就可以提高用户对产品的喜好度。完成一个出色的微动效设计需要秉承以下 3 个核心原则。

（1）克制有度：控制时长和出现频率，不增加额外操作，不对用户行为产生不必要的干扰；

（2）清晰聚焦：突出重点，符合逻辑，给予用户充足的阅读时间；

（3）自然流畅：保持视觉连贯性，缓动过渡。

那么，什么样的使用场景适合增加微动效设计呢？

1. 加载状态

用户在进行操作或查看界面中某个内容或数据时，产品（App）的后台需要进行刷新，并调取一次后台系统再展示到用户界面上来。在这个过程中，设计者应该让用户知道该产品在操作后并没有延迟或出现错误，而是正在加载数据，此时通过有效、合理的动画展示当前系统的处理状态，可以使用户具有一定的操控感，提升用户在等待过程中的愉悦感。

当响应时间在 2s 内时，可以使用简单的加载提示动效；而当响应时间为 2～9s 时，可以使用循环加载样式；当响应时间超过 10s 时，则需要使用带有进度指示的加载样式，提示用户当前进度或剩余等待时间。

2. 下拉刷新

下拉刷新和上述的加载状态具有类似的效果。下拉刷新动效在产品中的主要作用是，明确告知用户当前界面在操作后已经进行了数据刷新，暗示用户耐心等待结果的呈现。这样可以实现从操作前，到操作中，再到操作后的流畅过渡，实现完整操作链路的过渡和视觉路径的展示。

3. 信息通知

大多数 App 都具备"消息"功能，展示系统的新消息及用户自行操作后的结果消息等。当收到新消息时，App 需要给予用户提醒，虽然目前很多 App 的新消息提醒都是以"小红点"展示的，但微动效消息提醒能够更自然地引起用户的注意，因此对信息通知进行微动效处理也是一种向用户传达消息的愉快方式。

4. 导航过渡

导航交互动效的作用是明确告知用户操作路径，使用户触发选项后知晓界面的变化过程，学会如何再次触发界面后让用户回到起点。不同位置的导航栏所适用的动效也不尽相同。

（1）底部主导航：主要控制 App 一级界面切换，单击后通常使用点状式切换即可。过于花哨的切换动效虽然好看，但在真实的操作场景下，复杂效果伴随着高频次的导航切换，不仅会减慢产品的加载速度，更重要的是会使用户产生视觉疲劳。

（2）顶部分类导航：主要控制当前某一界面内的一级切换，可以使用较为简单、柔和的滑动展示。用户操作后可以通过动效路径明确感知新的界面是从哪里来的，要回到刚才的起点该如何操作。

（3）侧边栏导航：常见于移动端产品，通常从界面左侧或顶部滑出导航，大多数都以"面包按钮"的形态展示。当用户单击"面包按钮"后，从界面左侧或顶部柔和滑出一个模态窗口，可以供用户选择其他内容。

6.6　设计规范

在进行界面设计时，界面风格应保证一致性，这需要对所有界面中的共性元素设定一套固定的设计规范，包括字体的大小、卡片的圆角、按钮的样式等。这些共性的内容就是设计规范。设定设计规范可以让用户对各个元素的状态获得统一的认知，从而降低思考和决策成本，同时也能保证同一个项目的不同设计者都能输出相同风格的设计。具体来说，本节将设计规范分为组件库、字体库、色彩库 3 个部分。

6.6.1　组件库

组建全面、系统的控件系统可以让设计更加有章可循，使输出的设计稿更加规范，同时更便于后续的修改和迭代，极大限度地提高工作效率。很多互联网公司也创建了自己的组件库，如蚂蚁集团出品的 Ant Design、饿了么出品的 Element 等。我们可以参考 Ant Design 将组件分为基础的 7 大类。

1. 按钮

按钮用于开始一个即时操作，标记了一个操作命令，或者封装了一组操作命令，响应用户单击行为，并触发相应的业务逻辑。Ant Design 组件库中提供了 5 种类型的按钮，包括主按钮、默认按钮、虚线按钮、文本按钮和链接按钮；同时提供了 4 种状态属性与其配合使用，包括危险状态、幽灵状态、禁用状态、加载中状态。

2. 导航

导航可以让用户明确知晓在产品中当前所处的位置，并方便、快捷地引导用户触达他想去的地方。所有用于给用户提供浏览内容的导航选项，都可以归为导航类组件，包括面包屑导航、下拉菜单、侧边栏导航、标签页导航、步骤条等。

3. 数据录入

数据录入是获取对象信息的重要交互方式，包括数据的增加、修改和删除操作。数据录入包括文本录入和选择录入。其中，文本录入是录入数据最基础、最常见的方式，为用户提供了编辑文本的控件，包括文本框、文本域、搜索栏等；选择录入允许用户在一个预定的范围内进行选择，包括单选框、复选框、开关、选择列表、滑块、日期/时间选择器等。

4．数据展示

合适的数据展示方式可以帮助用户快速地定位和浏览数据，以及更高效地协同工作。在设计时需要依据信息的重要等级、操作频率和关联程度编排数据展示的顺序，同时要注意极端情况下的引导，如数据信息过长、内容为空的初始化状态等。常见的数据展示方式包括头像、徽标数、日历、气泡卡片、标签等。

5．反馈

反馈组件用于在必要时向用户反馈操作结果或传达消息，主要是一些模态/非模态弹窗，具体包括警告提示、对话框、通知提醒框、对话确认框、进度条等。创建反馈组件的目的是让用户感知到系统的实时状态，缩小用户与系统之间执行和评估的鸿沟。

6．图标

图标是网页中必不可少的元素，在进行网页设计时，我们也应为网页中所有的图标创建一个统一的视觉规范，包括各级图标的大小、颜色、默认状态及选中状态等；也可以根据图标的作用对图标进行分类，例如，Ant Design 组件库中将图标分为方向性图标、编辑类图标、数据类图标、网站通用图标等。

7．视图

视图是组成以上组件的最基础的组件，包括线段、阴影、圆角或方角卡片等。

6.6.2　字体库

字体是界面设计中最基本的元素之一，科学的字体系统能够保证信息的可识别性和易读性，从而提升用户的阅读体验和操作效率。

1. 字体规范

在浏览网页时，浏览器显示字体的方式是直接读取用户操作系统里的字体。不同浏览器对文字的渲染方式不同，因此，在确定字体规范时，要综合考虑不同操作系统的情况，选择最适合的字体。

2. 字重规范

界面的字体一般会选用"一粗一细"两种字重。粗体的视觉面积较大，笔画粗，字腔小，起到突出显示的强调作用，常用于标题和标语；而细体的视觉面积较小，笔画细，字腔大，结构疏朗清透，在阅读时不会让读者产生压迫感，常用于正文和说明。

3. 字号规范

在网页设计中，文字大小通常是 12～20px。网页的显示区域决定了文字不可以过大；而如果文字小于 12px，文本的清晰度和可读性就会有所折损。此外，设计者常常将网页文字设计成偶数字号，这是因为使用奇数字号时文本段落无法对齐，偶数字号相对更容易与其他部分构成比例关系。

4. 行高规范

行高可以理解为一个包裹在字体外面的无形的盒子。Ant Design 受到 5 音阶及自然规律启发，定义了 10 种不同字号，以及与之相对应的行高，得到了如下规律：行高=字号+8。其中，主要字体的字号为 14px，与之对应的行高为 22px，其余字阶[1]的选择可根据具体情况进行自由定义。在一个系统设计中（展示型页面除外），字阶的选择建议尽量控制在 3～5 种，遵循克制的原则。

5. 字间距规范

尽量使用比例字体，这种字体外形协调、可读性较强，可以根据字符

---

1 字阶：印刷字号的比例尺，用于营造页面的平衡感与和谐感。经典印刷字阶中的字体尺寸通常保持一定韵律变化，好似音阶的音符，通常遵循一定的比例关系。

外形特点设置不同字距的字体。不过，当对排版有较高要求时，也可以考虑使用等宽字体，这是因为等宽字体中每个字符都设置了相等的距离，可以更好地控制排版对齐。

6.6.3　色彩库

色彩库的搭建为系统的色彩风格提供了详细的规范。Ant Design 将信息交互产品的色彩体系分为两个层面：系统级色彩体系，产品级色彩体系。

1. 系统级色彩体系

系统级色彩体系主要定义设计中的基础色板和中性色板。其中，基础色板定义系统的主色和衍生色，这些颜色基本上可以满足中后台设计中对于颜色的需求；中性色板则是定义黑、白、灰等明度的规范，合理地选择中性色能够令页面信息具备良好的主次关系，可以提升阅读体验。

2. 产品级色彩体系

产品级色彩体系是，在具体设计过程中，基于系统级色彩体系进一步定义符合产品调性及功能诉求的颜色，通常包括品牌色和功能色两个方面。其中，品牌色是体现产品特性和传播理念最直观的视觉元素之一，通常应用于关键行动点、操作状态、重要信息高亮及图形化等场景；功能色则代表了明确的信息及状态，如成功、出错、失败、提醒、超链接等。

6.7　设计原则

设计原则通常来源于无数设计者从设计实践中提炼、归纳的通用性规律，能够为初级设计者在尝试设计工作时提供一些指导和规范。而对于进阶级设计者来说，其基本上已经具备了丰富的设计常识和敏锐的设计直觉，如何将原理融入设计对他们来说是更深层次的挑战。本节将介绍几类常用的设计原则。

6.7.1 Robin Williams 设计原则

1. 对比原则

人们喜欢看到有对比性的事物，因此，在进行界面设计时也要避免界面上的元素太过相似。对比可以有效地增强界面的视觉效果，也有助于在元素之间建立一种有组织的层级结构，使用户快速识别关键信息。

1）字体对比

如果界面中只使用一种字体，在样式、大小、粗细等方面不做任何变化，就很可能会让读者感到乏味，甚至无法区分信息的主次。因此，在设计排版时，应适当使用不同的字号、字重、字形去区分不同的信息层级，引导用户的阅读视线。

2）色彩对比

色彩对比是最强烈的对比方式之一。擅用冷暖色调对比可以极大地增强画面的视觉冲击力，暖色调（红色、橙色、黄色）是具有活力的、前进型的色彩，容易引起用户注意；冷色调（蓝色、青色）则是高冷的、远离型的色彩，适合用作背景色。此外，同一种色相具有不同的明度和饱和度，合理利用明度和饱和度的对比，可以弱化背景色对主题的干扰，强化作品主题元素。

3）大小对比

大小对比是指在同一个画面里利用大小两种元素，以小衬大或以大衬小，使主体更加突出。通过放大视觉元素体量之间的差异，可以达到制造视觉冲突的效果，主要体现在面积和体积两个维度。视觉元素体量的大小也能进行层级划分，体量越大则层级越高，也就越突出。需要强调的是，大小对比一定要大胆，不然难以达到想要的对比效果；但是也要注意任何元素都不能过大或过小，否则会降低页面的美观度。

2. 重复原则

重复原则是指界面中的视觉元素要重复出现，也就是相同的视觉元素在整个界面中不断复用。复用的视觉元素可以是线框、颜色、控件、文本格式、空间间距、设计要素等。重复的根本目的是统一视觉元素，并增强视觉效果，降低用户的学习成本，帮助用户快速识别出这些视觉元素之间的关联性。相同组件可以重复使用，这不仅可以节约设计成本，而且可以节约开发成本。

1）排版一致性

同类信息的载体可以是相同粗细的线框、相同投影的卡片，或者是相同颜色的底面，应注意保持样式属性的一致性，以及上、下、左、右间距的一致性。

2）颜色复用

在界面设计中，相同的功能提示、图表数据、文字层级、按钮、图标、分割线、背景等，应使用相同的颜色，以保证色彩体系的统一，避免同类型的视觉元素使用不同颜色给用户造成认知困扰。

3）控件复用

使用统一的导航、按钮、弹框、图表、选择器等控件，既可以提高设计者和开发者的工作效率，避免出现重复"造轮子"的现象，又可以保持界面设计的一致性，降低用户的理解成本，提高使用效率。

3. 对齐原则

对齐原则是指将信息以某种对齐规则进行排列，任何元素都不能在界面上随意摆放，每一项都应该与其他元素存在某种视觉关联。遵循对齐原则能够使界面中的元素井井有条，增强画面的秩序性和统一性。常见的对齐方式有左对齐、右对齐、居中对齐、两端对齐。

1）左对齐

左对齐是排版设计中最常见的方式，将文本信息或视觉元素沿垂直方向左对齐，左侧会有一条"隐形的线"，将彼此分离的文本信息或视觉元素连接在了一起。左对齐的排版方式给人以整齐、严谨、划分明显的感觉。有时，左对齐容易造成右端留白过多，使得整体视觉失衡，但左对齐这种对齐方式不会破坏文字本身的起伏和韵律，能保证较好的阅读体验。

左右式构图的界面更适合采用左对齐的方式，此类页面的重心在左边，文字在右边。同时，由于人眼习惯从左到右的浏览方向，因此，对于大段需要阅读的文案，最好采用左对齐的方式排版，以提高文案的可读性。

2）右对齐

右对齐与左对齐相反，右侧会有一条"隐形的线"，将文本信息或视觉元素连接在一起。在文案排版中很少使用右对齐的方式，因为这种对齐方式不符合人眼的浏览习惯，会干扰用户的视觉效果，给用户带来不自然的感受。但是，若合理运用，右对齐这种对齐方式会更具个性化。当界面的构图为左右式构图，并且视觉重心在右边时，左边的文字常常采用右对齐，与右边的视觉中心达到平衡。

3）居中对齐

居中对齐是初级设计者最常用的对齐方式，界面中的视觉元素以中线为基准对齐。居中对齐给人一种严肃感和正式感，看起来很安全，感觉也很舒服，但通常也容易显得乏味。上下式构图最适合使用居中对齐，一般表现为图片在上而下方文字居中对齐，这样更具有稳定性。左右式构图也可以使用居中对齐，一般表现为图片在左而右侧文字居中对齐。

4）两端对齐

两端对齐是指界面中的视觉元素通过拉伸或缩放与同一元素两端对齐，通常用于大段落的文案排版，使界面看起来严谨工整。另外，两端对齐这种对齐方式能让横向文案更具关联性，方便用户获取信息，可以提高用户阅读效率。两端对齐不一定只用在正文中，需要突出重要信息时也可以使用两端对齐。例如，对于组合标题而言，为了使段落更加工整，可以采用全部强制双行的方式。

另外，设计时应避免在界面上混合使用多种文本对齐方式，这样会使界面看起来杂乱无章。除非有意识地想营造一种正式、稳重的界面风格，否则应尽量减少使用居中对齐的排版方式。

4. 亲密性原则

亲密性原则是指彼此相关的项应当靠近或归组在一起。信息之间的关联性越高，它们之间的距离就应该越近，从而形成一个视觉单元；反之，它们之间的距离就应该越远，形成多个视觉单元。亲密性原则的根本目的是实现组织性，让用户对界面结构和信息层级一目了然。

1）水平空间关系

水平空间关系是指横向上控件的关联性。采用栅格布局方式组织摆放元素和控件，可以保证布局的灵活性。

2）垂直空间关系

在复杂的界面或模块设计中，纵向上通常需要使用高、中、低 3 种规格的间距来区分信息的层级关系。例如，对于 8px 的元间距[1]而言，可以选用 24px（高间距）、16px（中间距）、8px（低间距）3 种规格。

6.7.2　Material Design 设计原则

1. 隐喻

通过系统化的动画效果构建，以及对空间的合理化利用构成实体隐喻，反映真实的物理世界。信息交互产品设计中，通常使用光效、表面质感、运动感来解释物体的运动规律、交互方式和空间关系。

---

1 元间距：最小间距单元。

2. 鲜明、形象、有意义

基本元素的处理可以借鉴传统的印刷设计——排版、网格、空间、比例、配色、图像使用等。这些基础的平面设计规范能够协助设计者构建出视觉层级、视觉意义、视觉聚焦。设计者应精心选择色彩、图像，选择合乎比例的字体、留白，力求构建鲜明、形象的用户界面，让用户沉浸其中。

3. 有意义的动画效果

动画效果通过微妙的反馈和连贯的过渡来吸引用户注意力。动画效果应在独立的场景呈现，动画效果反馈需要细腻、清爽，转场动画效果需要高效、明晰。动画效果能够让物体的变化以更连续、更平滑的方式呈现给用户，让用户充分知晓所发生的变化。

6.7.3　iOS 设计原则

1. 审美完整性

审美完整性体现了信息交互产品的外观和行为与其功能的整合程度。例如，一款协助人们处理重要任务的 App，会通过弱化装饰性元素，以及使用标准控件和可预测的行为等方式来使用户专注于任务；而对于那些主张沉浸式的游戏产品，用户会期望一个充满乐趣、令人兴奋、期待探索的外观，来传递乐趣和刺激感。

2. 一致性

一致性是指通过使用系统提供的界面元素、众所周知的图标、标准文本样式和统一的术语来实现熟悉的标准和范例。在这一点上，iOS 整个系统都保持了高度统一的设计语言，平滑的圆角矩形、阴影、半透明和高斯模糊几乎贯穿了整个系统。

3. 直接性

直接性强调对屏幕内容的直接操作会吸引用户并促进理解。例如，当用户旋转设备或使用手势触动屏幕内容时，用户能够体验到直接操作的感觉。通过这种直接操作，用户可以看到他们行动直接的、可见的结果。

4. 反馈感

反馈是对用户行动的确认及对用户行动结果的显示，通过反馈用户可以了解系统的运转情况。iOS 系统为用户的每项操作都提供了可感知的反馈——轻触时会突出显示交互元素，进度指示器会传达长时间运行的项目的状态，动画和音效则有助于阐明操作的结果。

5. 隐喻性

好的设计是有沟通力的，当一个 App 的虚拟对象和动作都是对熟悉事物的隐喻时，用户将学习得更快。软件隐喻的典型案例是文件夹——人们在现实世界中把文件放在文件夹中，所以他们在计算机系统中也能快速理解如何将电子文件放入文件夹中。除了视觉方面，iOS 系统还进行了很多其他探索，例如，大量采用了现实世界的惯性、弹性、重力、阻力等物理特性，在虚拟数字世界中给用户带来更真实的物理触感。

6. 控制感

在整个 iOS 系统中，掌控者是用户，而不是 App。好的 App 可以在用户授权和避免不必要的结果之间找到恰当的平衡。当行为和控件熟悉、可预期时，用户就会感觉 App 更加可控。此外，用户希望能够更从容地中止一个即将执行的操作，也希望有机会确认那些可能存在潜在风险的操作的意图。

参考文献

[1] 吴琼. 交叉研究视野中的信息与交互设计[J]. 装饰，2014，260（12）：16-18.

[2] 郑杨硕. 信息交互设计方式的历史演进研究[D]. 武汉：武汉理工大学，2013.

[3] 王思迈. 人机交互技术的发展现状及未来展望[J]. 科技传播，2019，11（5）：142-144.

[4] 孙远波，杨新，付久强. 交互设计基础[M]. 北京：北京理工大学出版社，2017.

[5] Tom Tullis, Bill Albert. 用户体验度量：收集、分析与呈现[M]. 周荣刚等，译. 北京：电子工业出版社，2020.

[6] Jeff Sauro, James R. Lewis. 用户体验度量：量化用户体验的统计学方法[M]. 陈文婧等，译. 北京：机械工业出版社，2014.

[7] Alan Cooper, Robert Reimann, David Cronin, Christopher Noessel. About Face 4：交互设计精髓（纪念版）[M]. 倪卫国等，译. 北京：电子工业出版社，2020.

[8] Elizabeth Goodman, Mike Kuniavsky, Andrea Moed. 洞察用户体验：方法与实践[M]. 刘吉昆等，译. 北京：清华大学出版社，2015.

[9] Louis Rosenfeld, Peter Morville. 信息架构：超越 Web 设计[M]. 樊旺斌，师蓉，译. 4 版. 北京：电子工业出版社，2016.

[10] Peter Morville. User Experience Honeycomb Diagram[EB/OL]. 2004.

[11] Donald Norman. 设计心理学 1：日常的设计[M]. 小柯，译. 北京：中信出版社，2015.

[12] Brad Frost. Atomic Design[EB/OL]. 2016.

[13] Google. Material Design Guidelines[EB/OL]. 2014.

[14] Apple. Human Interface Guidelines[EB/OL]. 2019.

[15] Microsoft Design. Fluent Design System[EB/OL]. 2020.

[16] Robin Williams. The Non-Designer's Design Book[M]. 苏金国，刘亮，译. 北京：人民邮电出版社，2009.

[17] Jamie Steane. The Principles & Processes of Interactive Design[M]. 孔祥富，王海洋，译. 北京：电子工业出版社，2015.

[18] Tberesa Neil. Mobile Design Pattern Gallery: UI Patterns for Mobile Applications[M]. 王军锋，郭偎，武艳芳，译. 北京：人民邮电出版社，2013.

[19] 马靖. 浅说色彩三要素[J]. 读与写（教育教学刊），2013，10（3）：57.

[20] 王亮. 色彩在界面设计中的应用研究[J]. 流行色，2022，435（10）：22-24.

[21] 牧婧. 当今标志设计的发展趋向及方法探究[D]. 北京：清华大学，2007.

[22] 袁天昊，刘永翔. 产品用户界面中图标元素设计研究[J]. 设计，2015，230（23）：34-35.